富岳

世界4冠スパコンが日本を救う

【圧倒的1位に輝いた国産技術の神髄】

日経クロステック 編集

日経BP

はじめに

コロナ禍に揺れた２０２０年。数少ない明るいニュースの一つが、スーパーコンピューター富岳が世界一になったことだった。富岳はその後も、新型コロナの飛沫のシミュレーションでニュースなどにもたびたび取り上げられた。マスク素材の違いによる飛沫の広がりのシミュレーションから、不織布以外のマスクを拒否する「マスク警察」なる言葉が現れたほどだ。

スパコンの順位はＴＯＰ５００というランキングが代表的だが、実はこのほかにも性能ランキングは３種類ある。富岳はＴＯＰ５００で１位になっただけでなく、４つのランキングすべてで１位になった。しかもすべて２位に３倍もの大差を付けた。ランキングすべてで同時に１位になったのは富岳が初めてであり、スパコンの歴史の中でもエポックメイキングな出来事と言っていい。

富岳は本来２０２１年から運用される予定であった。しかしコロナ禍でデビューが１年前倒しになった。冒頭の飛沫シミュレーションや、治療薬候補の同定など、コロナ対策に使われることになったのだ。このほかにも人工知能などスパコンの用途は広がり、産業的にも重要度を増している。スパコンの力は、産業の力につながり、国の力につながるのだ。富岳の圧倒的な計算パワーは今後の日本を救うものになる。

スパコンの核となるプロセッサを開発する技術を持っている国は、米国と日本、そして中国のわずか3カ国だ。その中でも2012年から2019年の8年間は米中2カ国がトップを分け合ってきた。

富岳は日本の技術で世界一に立った。しかも圧倒的1位に。そしてその技術のベースになったのが先代のスーパーコンピューター「京《けい》」だったことは大きなポイントだ。「京」が世界一を取ったのは2011年。東日本大震災による部品メーカーの被災といった困難を乗り越えて設置が進められた。奇しくも「京」、富岳ともに大難の最中にデビューということになった。

「京」と言えば忘れられないのが、民主党政権時代の事業仕分けにおける蓮舫議員の「2位じゃだめなんでしょうか」の発言だ。このとき仕分け対象として事業凍結の裁定が下ったものの、政治的に予算が復活して作られたのが「京」である。2011年に「京」が世界一になったときは、これで蓮舫議員を見返したと思った人が多かったが、実際にはその発言には相応の理由があった。また、蓮舫議員の発言にあった、1位じゃなくても民間に使いやすいものになれば役に立つのではないかという論点は、その後のスパコン開発に大きな影響を与えている。実は富岳の開発目標には「1位」の文字は入っておらず、アプリケーションを重視する姿勢を強めている。今でも蓮舫発言は「過去のもの」ではない。

本書では、事業仕分けから富岳に至るまでの日本と世界のスパコン開発競争を振り返る。第1章では富岳が世界一になってからコロナ禍での活躍を中心に紐解く。第2章では、蓮舫議員の発言から「京」の開発とその技術、その後の日米や中国のスパコンを見ていく。第3章では、富岳の開発とその技術を詳述する。また、富岳開発のキーパーソン3人のインタビューも掲載する。

スパコンのランキングでは富岳が4冠を取った性能のランキングのほかに、消費電力当たりの性能で順位を決める「Green500」というランキングもある。日本はお家芸と言っても過言ではないほどGreen500では毎回上位を取っているが、その中にはベンチャー企業が独自開発したものもある。Green500で1位を取ったベンチャー2社の明暗分かれた取り組みを第4章で紹介する。

富岳でも数億年かかる計算をわずか数分で解いてしまう——、そんな底知れぬ可能性を持っているのが量子コンピューターだ。2019年から2020年にかけては「量子超越性」と呼ぶ、量子コンピューターがスパコンよりも圧倒的に速く問題を解けることを実証した研究が米中で発表された。実用化はまだ先の話ではあるが、開発競争は既に激しい。第5章ではその量子コンピューターの状況と展望を解説する。

本書の内容は日経コンピュータ、日経エレクトロニクス、日経ものづくり、日経クロステックに掲載された記事を中心に、当時の資料や新たな取材を含めて大幅に加筆修正して構成した。加筆修正は松原敦が担当した。企業名や団体名、登場人物の役職は、原則として当時のものをそのまま記載している。

2021年3月
日経クロステック編集

目次

第1章

コロナ禍の「秘密兵器」、富岳登場

2020年6月22日、日本のスーパーコンピューター「富岳《ふがく》」が世界のスパコンのトップに立った。先代の「京《けい》」以来8年半ぶりの快挙だ。しかも世界で初めて、スパコンの主要なベンチマークテスト4つ全部で1位を取って4冠となったのだ。

しかし、その後の記者会見で、理化学研究所（理研）および製造を担当した富士通の首脳に笑顔はほとんど見られなかった。もちろん新型コロナの猛威が世界的に続いていて、浮かれている状況ではないという思いもあっただろう。

理研の松本紘理事長は「富岳というのは富士山の異名で、非常に高い性能と非常にすそ野が広い能力を目指した。単に

富岳（提供：理化学研究所）

スピードが速いということだけでなく、AIとかビッグデータ解析などでも優秀な性能を示すことを目指した」とアプリケーション、特に新しい分野への応用を重視する姿勢を語った。また富士通の時田隆仁社長は「高性能かつ省電力を同時に達成し、かつ高い信頼性と使いやすさを実現するという強いこだわりを持って富岳の開発に取り組んできた」と使いやすさにも言及した。

このように応用面や使いやすさを強調する影には2009年の「事業仕分け」における「2位じゃだめなんでしょうか」の影響が見え隠れする。また、先代の「京」は世界1位を取り、その後もほぼフル稼働で使われ続けたものの、産

記者会見における理化学研究所の松本紘理事長（左）と富士通の時田隆仁社長（右）（提供：理化学研究所）

業界には広がらず、ビジネスとして成功したとは言い難かった。両首脳の硬い表情の裏には手放しで喜ぶのはまだ早いという意識が込められていたように感じる。富岳が与えられた使命を果たすのはこれからなのだ。

新型コロナ対策の「秘密兵器」に

富岳を神戸のポートアイランドにある理研の計算科学研究センターに設置していたのは、まさに新型コロナウイルスの脅威が日本にも入ってきたころだった。設置も順風満帆とはいかなかったが、コロナが富岳のデビューを早めることにもなった。

富岳が研究や産業用途に開放されるのは２０２１年を予定していたが、１年前倒しして２０２０年４月から新型コロナ対策の目的に使い始めることになったのだ。その決断までには懸念もあったという。「国費をつぎ込んでいるスパコンだけに、失敗して悪い印象がついてはいけないと反対されるのではと危惧していた」（理研の松岡聡計算科学研究センター長）。ただ、蓋を開けてみると「政府筋や文科省トップを含めて反対意見はなかった」（同）。発表後は「困難な状況の中で秘密兵器を投入するというストーリーは『ガンダム』などＳＦの世界観に近く、非常に大きな注目を集めた」（同）。

前倒しで運用したのは富岳の一部だが、それでも国立大学法人や国立研究開発法人所有のスパコン全体の計算能力を上回る。富岳全体の計算能力は「(前世代機)京の約50～１００倍以上だ」(松岡センター長)。

７月には富岳によって新型コロナウイルスに作用することが期待できる薬剤数十種類が特定された。これは新型コロナウイルスの増殖に関わるタンパク質の１つである「メインプロテアーゼ」と薬剤が結合するかどうかをシミュレーションで確認したもの。調べたのは国内外で市販される抗ウイルス薬や抗がん剤、糖尿病薬などの低分子医薬品に、新型コロナウイルス用に薬効が調べられていたレムデシベルやアビガンを加えた２１２８種類の薬剤に上る。

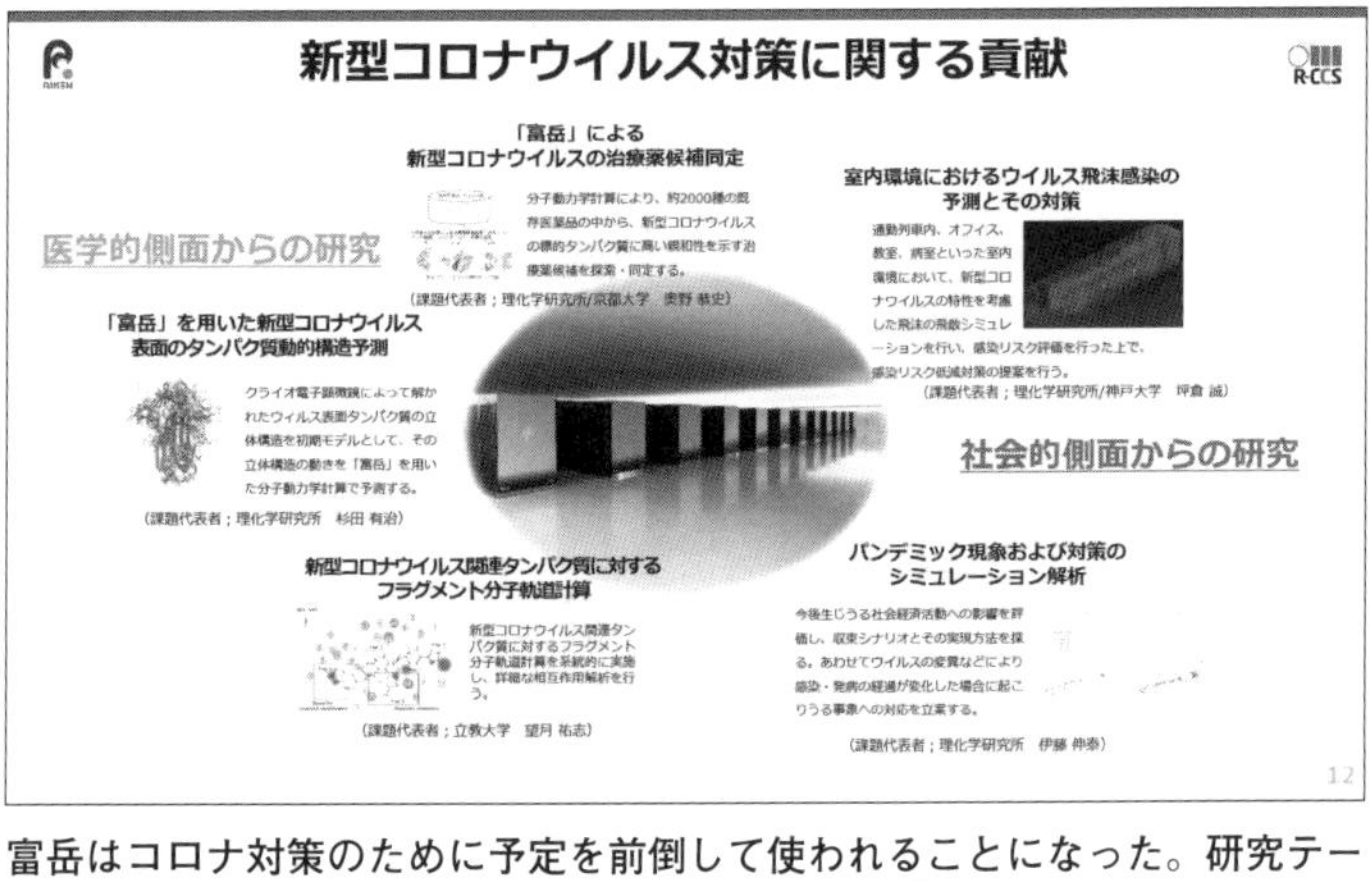

富岳はコロナ対策のために予定を前倒しして使われることになった。研究テーマはこの後、追加されている（提供：理化学研究所）

このシミュレーションではたんぱく質の3次元モデルに対して、薬剤の3次元モデルがどのように結合するかを、たんぱく質を動かしながら計算する。これまでの「京」では薬剤が結合したときに、その結合の強さを見積もることはできたが、どのように結合するかを計算するのは難しかった。富岳以外のスパコンの性能では「箸にも棒にも掛からない」と松岡センター長は言う。一方、富岳では2128種類の薬剤について結合を調べるのに10日くらいで済んだ。さらにプログラムの最適化が進めば2日程度で計算することも可能化もしれないという。

今回、富岳が有効性を認めた薬剤は数十種類だが、そのうち12種類は海外などで臨床研究や治験が実施されていたものであり、それらが有望であることを富岳も認めたことになった。このような計算は薬効だけでなく副作用の解明にも役立つ可能性がある。

飛沫感染をシミュレーション

特に、世間の注目を集め、富岳の名前を有名にしたのは、室内や屋外においてウイルスの飛沫がどのように広がるかをシミュレーションした研究だ。

理化学研究所チームリーダーで神戸大学教授の坪倉誠氏は2020年4月末から「室

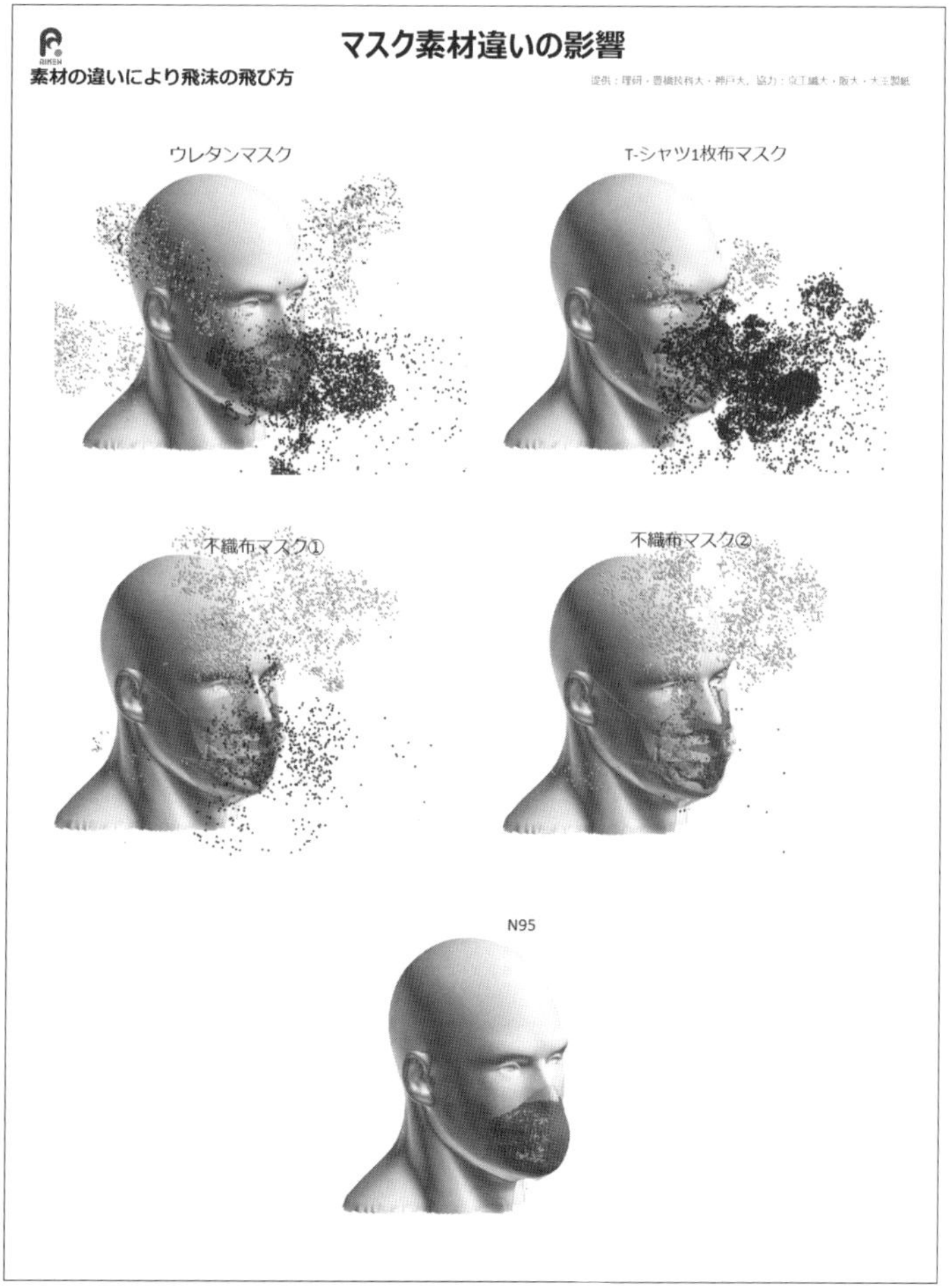

マスクの素材による飛沫の飛び方の違い。理化学研究所チームリーダー/神戸大学教授の坪倉誠氏によるシミュレーション（提供：理化学研究所）

内環境におけるウイルス飛沫感染の予測とその対策」の研究を始め、6月から順次研究成果を公開していった。富岳を使った結果、従来の飛沫シミュレーションと比較して数百~千倍の計算資源を確保でき、短期間で成果を出せた。「まさに富岳の威力」（坪倉氏）という。

ウイルスの飛沫の広がりを空気と粒子の運動をシミュレーションするが、蒸発や壁付着など、従来では取り入れるのが難しかった物理モデルも使っている。マスクの素材の違いによる感染リスクの研究では実験によってマスク内外の飛沫数を調べ、それを元にシミュレーションしている。マスクのシミュレーションでは、ウレタンや布製のマスクと不織布のマスク、医療用のN95マスクによる飛沫の広がりの違いが一目瞭然で示され、不織布のマスクが改めて見直されるきっかけになった。

また、同研究ではくしゃみやせき、会話などで生じる飛沫がオフィス内やカラオケボックス、タクシー、屋外などでどう漂うのか、富岳でシミュレーションした。

例えばカラオケボックスは意外としっかり換気されており、室内のエアコンを付けることでさらに換気性能を上げられる。ただ、室内が狭いためマスクなどをせずに歌を歌うと30秒ほどで室内にエアロゾルが広がってしまう。

屋外はリスクが低そうだが、微風で風下にいた場合など感染リスクが高まることもある。

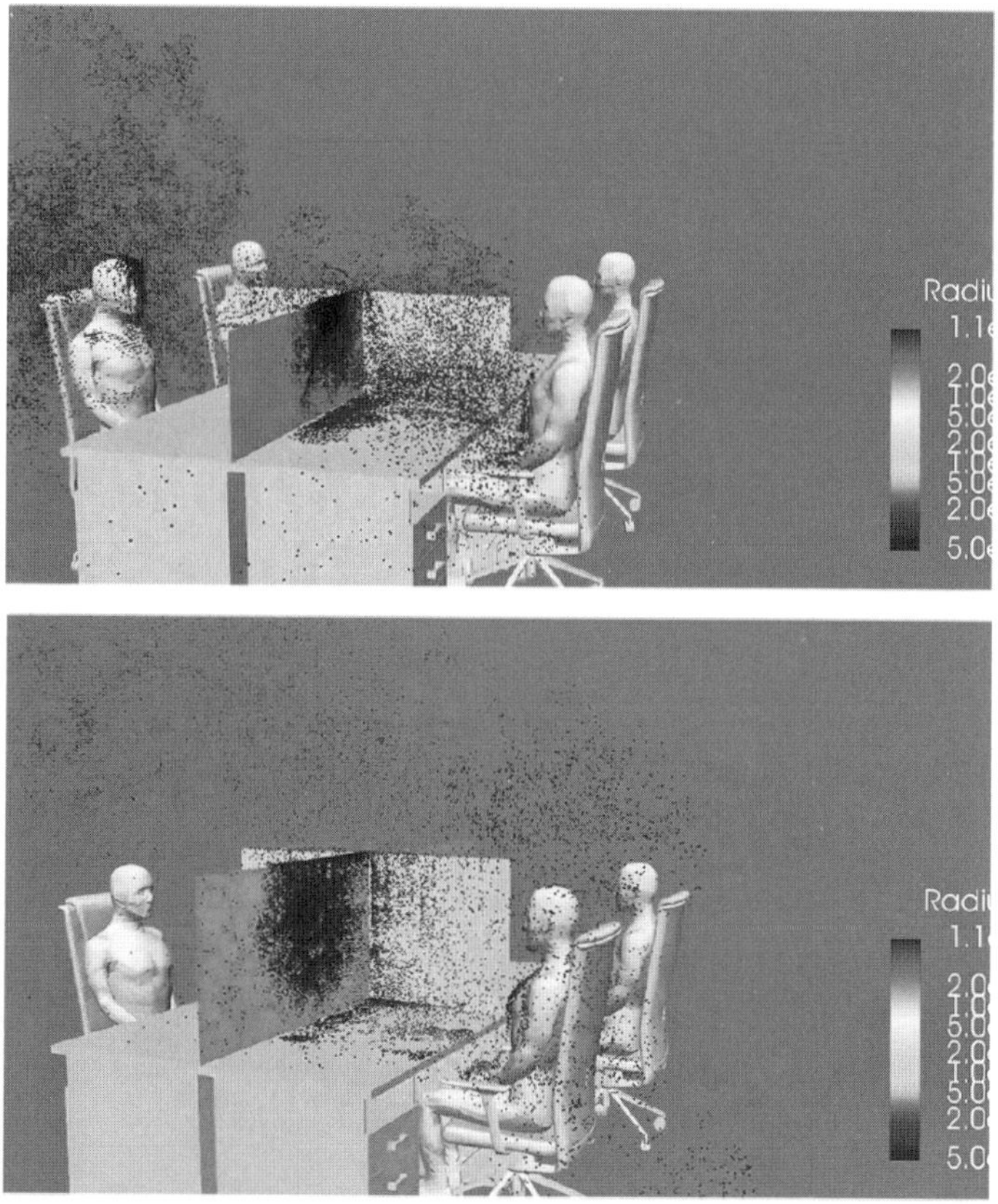

間仕切りがある席でせきをした場合のシミュレーション。左は高さ120cm、右は高さ140cm。120cmでは飛沫が多く正面の人にかかってしまっている。（提供：理化学研究所、豊橋技術科学大学　協力：京都工芸繊維大学、大阪大学）

ただ、マスクなしの場合でも距離を1メートルから1・7メートルに広げると到達する飛沫は半分になる。距離に応じてマスクなどを使うことが大事になる。

タクシーでは「外気導入モード」でエアコンを最大風量の半分以上で使うと換気性能は高まるが、窓開けはあまり効果がないことなどがシミュレーションでわかってきた。

このほか、通勤列車、飛行機、飲食店、マウスガードの形状による違いなど、さまざまな環境における飛沫の分析を行っている。

これらの成果から、サントリー酒類と凸版印刷は飲食用のフェイスシール

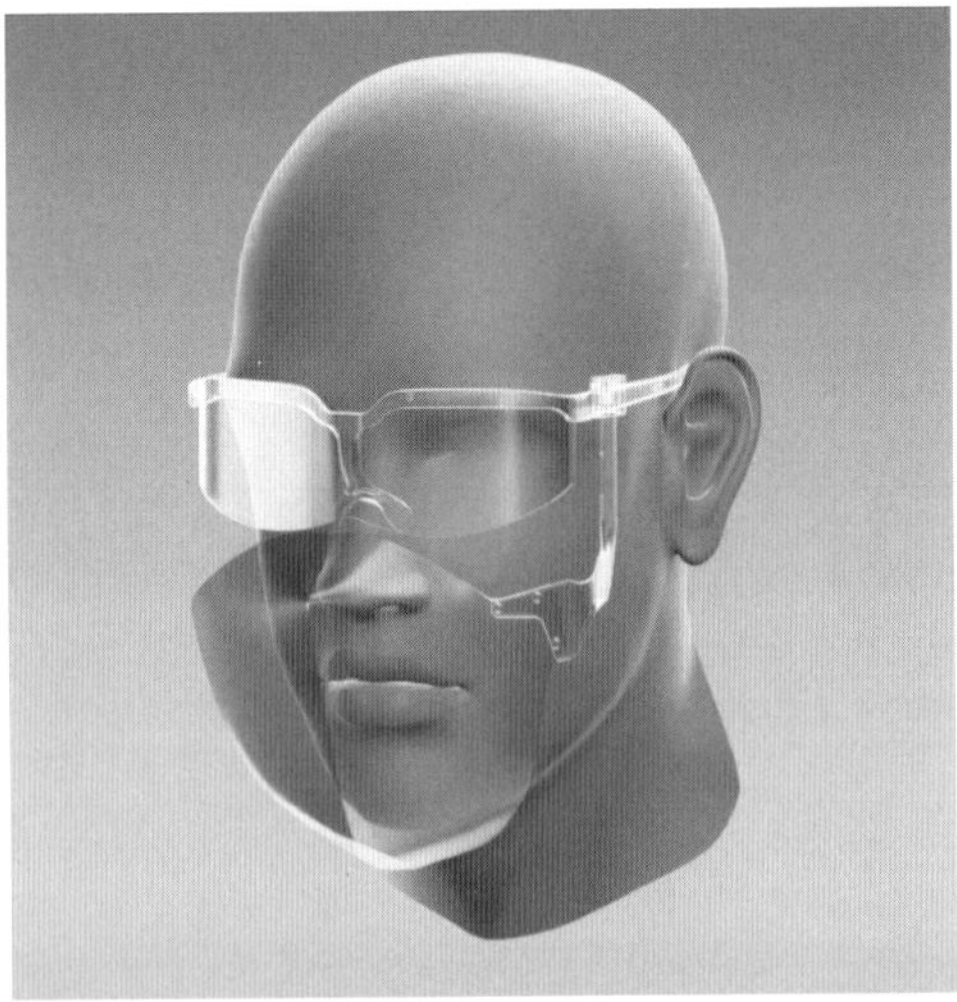

フェイスシールドの完成イメージ（提供：凸版印刷）

ドの設計情報を公開して誰でも使えるようにした。

コロナ関連以外にも成果は出始めている。スーパーコンピューターを使って優れた成果を出したグループを表彰するゴードン・ベル賞の2020年の候補として富岳を使った2つの研究がノミネートされたのだ。

一つは東京大学などによる「大規模数値流体シミュレーション」の研究。船を設計するとき、試験水槽で水の流れなどを実験することがあるが、それをスパコンによるシミュレーションで置き換えようというものだ。320億もの格子を使ったシミュレーションを、これまでは2日間ほどかかっていたのが、富岳ではわずか37分で計算した。71倍も速くなったのだ。

もう一つは気象のシミュレーション。国立環境研究所などによるものだ。

天気予報など気象のシミュレーションでは初期値が少し変わるだけで結果に大きな誤差が生じることがしばしばある。そこで、少しずつ違う初期値を使って計算し、その平均や「ばらつき」などから予報を決めるという方法を使っている。これを「アンサンブル予報」という。今回の研究ではそのアンサンブルを1024個も使って予測をしている。さらにシミュレーションの格子も3・5キロメートルと細かくし、現在の気象機関が気象予測で使っているのと比べて500倍もの計算をしたのだという。

このように、計算パワーがけた違いに増えたことで、これまで現実的でなかった計算が実用になるという効果も大きい。これらの研究は残念ながらゴードン・ベル賞の受賞には至らなかったが、富岳の力を示すと同時に、富岳が本当に役に立つスパコンとしての第一歩を歩み始めたことを意味している。

富岳は、ハードウエアとソフトウエアを並行して協調しながら設計・開発した。「京」のときとの大きな違いであり、9つの重点課題が設定されてソフトウエアを開発した。2020年度からはこれを拡張して19個の課題が「成果創出加速プログラム」として設定された。例えば産業競争力の強化の分野では省エネルギーの次世代半導体デバイス開発のためのシミュレーションや次世代二次電池開発のための材料の研究、国民の生命・財産を守る取り組みとしては創薬ビッグデータ統合システムや気象予測などのテーマで研究が進んでいる。これらの成果も早期に出ることが期待されている。

シミュレーションだけでなく、人工知能や創薬など計算パワーが研究や開発の質に直結する分野は増えている。富岳が活躍する場面も、ますます広がっていきそうだ。

第2章

「2位じゃだめなんでしょうか」が残したもの

「２位じゃだめなんでしょうか」

蓮舫参議院議員のこのあまりにも有名な質問が飛び出したのは２００９年11月13日、当時の民主党政権による「事業仕分け」のワーキンググループでのことだった。

このとき見直しの対象となった次世代スーパーコンピューター事業とは、総額１２３０億円を費やし、１秒間に１京《けい》回（10の16乗、10ペタＦＬＯＰＳ）の計算ができるスパコン「京速計算機」を２０１０年をメドに開発する（完成目標は２０１２年）というもの。これが後のスパコン「京」である。もちろん、その名前は１京回の計算能力にちなんでおり、「きょう」ではなく「けい」と読む。

次世代スーパーコンピューターは理化学研究所（理研）が中心となり、ＮＥＣ、日立製作所、富士通の３社が参加し、２００６年９月から開発を進めていた。同じ計算を多数のデータに対して同時に行うベクトル型と、複数のプロセッサで並行して処理を行うスカラー型の両方を併せ持った複合型と呼ばれる方式で、富士通がスカラー部を担当、ＮＥＣおよびＮＥＣとの契約で参加した日立製作所がベクトル部を担当していた。

しかし、２００８年９月に起こったリーマンショックの影響でＮＥＣが大幅な赤字に陥り、２００９年５月にプロジェクトからの離脱を発表するに至った。日立製作所も、もともとNECとの契約であったこともあり「ベクトル部の開発を当社単独で担当することは不可能と判断している」と、合わせて撤退。ベクトル型を製造する2社が脱落してしまった。

実はこれには伏線があった。2009年4月にプロジェクトの中間評価が行われ、次のような課題が指摘されていたのだ。一つは米国のスパコン開発が加速しており、計画通りに開発が進んでも世界初の10ペタFLOPS機となるのは難しそうであること。二つ目は複合型の性能、特にベクトル型の部分の性能が出ておらず、見直しが必要であること。このことから、複合型にするかどうかを含めて10ペタFLOPSを世界に先駆けて達成するためのシステム構成を再検討することが要請された。

米国ではIBMが開発中の「ブルー・ウォーターズ」というスパコンが10ペタFLOPS程度の性能で、2011年6月に完成するという情報や、同じくIBMが開発中の「セコイア」というスパコンが2011年10月以降10～20ペタFLOPSの構成で納入予定、といった情報が流れていたという。中間評価時の状況では、これらより先に開発するのは難しいと判断されたわけだ。

つまり2社から撤退を言い出さなくても、中間評価を受けた見直しによってベクトル型の部分をなくすという結論にいたる可能性は高かったのである。

そういったこともあり、2社がやめた後はスカラー部だけで開発を継続することになった。「技術的にはスカラー部だけでも十分に10ペタFLOPSの実現が可能」（理研）であり、複合型を続けるよりも実現性が高いと判断された。世界的な趨勢《すうせい》としても当時はベクトル型よりもスカラー型が優勢だった。2005年時点でTOP500のうちベクトル型は10％未満になっており、次世代スパコンが完成する2012年ころにはベクトル型は1％程度という予想もあった。日本では従来からベクトル型が強かったた

第1世代の地球シミュレータ（提供：JAMSTEC）

め、そのソフト資産を生かす意味で複合型が選ばれたのだが、その判断自体が危ういものだった。

２０００年代後半においてスパコンの世界では米国がリードする状況が続いていた。日本のスパコンでは宇宙開発事業団（現・宇宙航空研究開発機構）、日本原子力研究所（現・日本原子力研究開発機構）、海洋科学技術センター（現・海洋研究開発機構、ＪＡＭＳＴＥＣ）、およびＮＥＣが開発したベクトル型の「地球シミュレータ」が、スパコンの性能ランキングを年２回集計しているＴＯＰ５００で２００２年６月から２００４年６月まで１位を５回続けたが、その後は米国の後塵《こうじん》を拝していた。ちなみにＴＯＰ５００の順位は連立一次方程式を解くＬＩＮＰＡＣＫというベンチマークテストの性能で決めている。

また、日米以外では、中国が当時世界最速レベルとなる１ペタＦＬＯＰＳ級のシステムを２０１０年に向けて開発中と表明しており、日米に迫ってきていた。実際、中国は２０１０年11月に「天河１号Ａ」で初のＴＯＰ５００の１位を獲得している。

このように、２社の離脱によって方式変更を余儀なくされただけでなく、海外との競争を見ても、１位を取ることや10ペタＦＬＯＰＳを最初に実現するのは容易でないと見られていた。また、１位を取ったとしてもすぐに抜かれる可能性も高い。コスト面では、既に１００億円以上予算を超過しており、プロジェクト完了までにさらに７００億円近くの国費投入が必要と目されていた。目標は簡単には実現できない。そう考えるのに無理はなかった。

冒頭の蓮舫議員の発言はそういった背景で、もし1位を取れなかったときに、このプロジェクトの意義がどこにあるのか、それだけ予算をつぎ込む価値があるのかというのを聞こうとしたものだった。決して科学技術をないがしろにしようとしたのではなく、むしろ1位を取れなかったとしても、国として意義があるプロジェクトであることを示してほしいという期待が込められていたように感じる。

例えば、このようなやり取りがあった。

蓮舫議員「教えていただきたいのは、1位のところだけを皆さんの企業は利用したいということでしょうか。2位になって、もうちょっと応用したものを提供するということはできないんでしょうか。なぜ1位なんでしょうか。2位になってもうちょっと安価でわかりやすい応用の技術を提案してあげれば、それは余力のない企業でも利用したいと思われるのではないですか」

文部科学省「いわゆる企業等の汎用的にするには、確かにこれから時間も必要だと思います。なぜ1位にこだわるか。いわれる10ペタクラスに早く到達したいということは、そこでの日本のいろんなアイディアが世界に先行して発揮できる状況をつくりたい。そういうことに尽きると思います」

このようになんともどかしく、質問に明確に答えていないやり取りが何度も繰り返された。結局、文科省側は1位でないと意味がない、1位を取るためにやっているという主張を続けるだけであった。取れなかった場合にどうするか、どういう意義があるのかといった、リスクヘッジの観点は全く感じられなかった。今回改めて議事録を読んだり動画を見たりしたが、その問答を見る限り事業仕分けにおいて「予算計上の見送りに近い縮減」と事業凍結に近い判定が下されたのはやむを得なかったと思う。

しかし、この判定によって研究者や技術者には衝撃が走った。製造を担う富士通は「既にマイクロプロセッサもできてラック規模のシステムもできた。今は量産に向かって動きだしており、もう止めるに止められない。一体どうなるのかと……」（同社常務理事次世代テクニカルコンピューティング開発本部長の井上愛一郎氏）と嘆いた。理化学研究所理事長でノーベル化学賞受賞者の野依良治氏は「（研究開発の競争は）リレーをやっているようなもの。途中で止めたら大変だ」と仕分け結果を批判した。

判定から5日後の11月18日には大学教授らで組織された「計算基礎科学コンソーシア

ム」が「スパコン開発を進めることは死活的重要性を持つ」などとする緊急声明を発表した。これらを受けて菅直人副総理も「スパコンは極めて重要なためもう一度考えなければならない」と語り、枝野幸男衆議院議員もテレビ番組で「(事業仕分けでは)文部科学省からきちんとした説明がなかった」と、改めて説明があれば再考すると捉えられる発言をした。

結局12月16日には、多少の減額ながら227億円の予算を計上することで決定し、京速計算機のプロジェクトは生き長らえた。

ただし、プロジェクトの目標は事業仕分けでの意見などを踏まえて変更された。世界最速機を目指す目標は、2012年6月までに10ペタFLOPSを達成するという「世界最速レベル」に改めて、世界一にはこだわらない方針を示した。

このほか、以下のような目標も加わった。

- 利用者中心のコンソーシアムを作り、2012年11月をメドに、今回開発する次世代スーパーコンピューターや他の国内のスパコンを用いた「ハイパフォーマンス。コンピューティング・インフラ(HPCI)」を構築し、運用を開始する
- HPCIを用いた画期的な研究成果の創出を図る

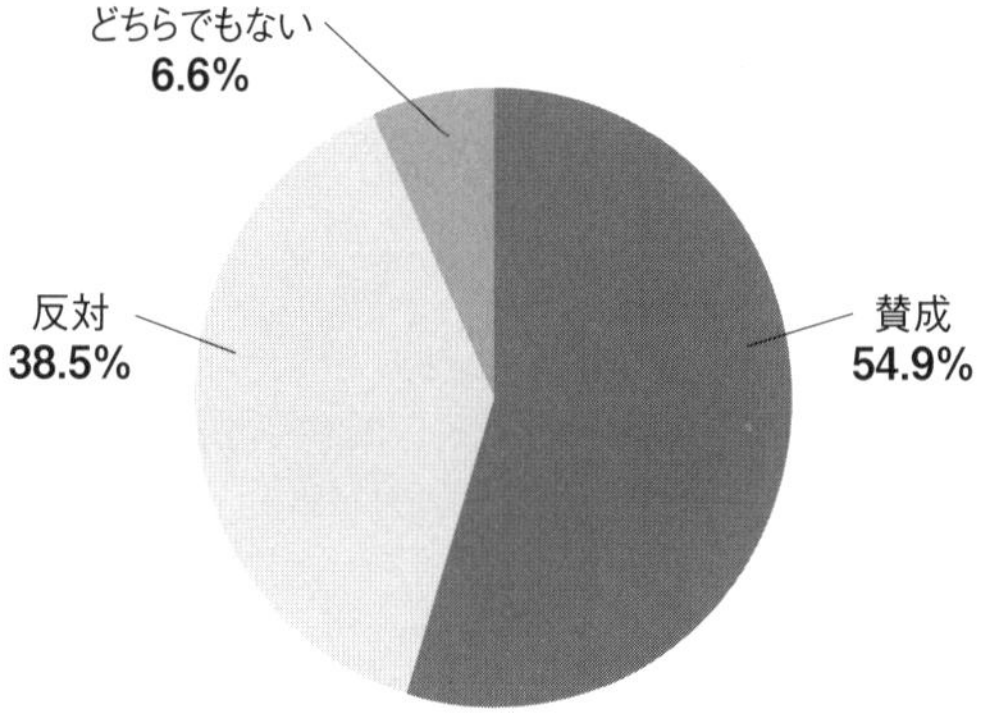

次世代スパコンの国家プロジェクトについて伺います。事業仕分けの結果、「開発の事実上中止」となったことをどう思いますか

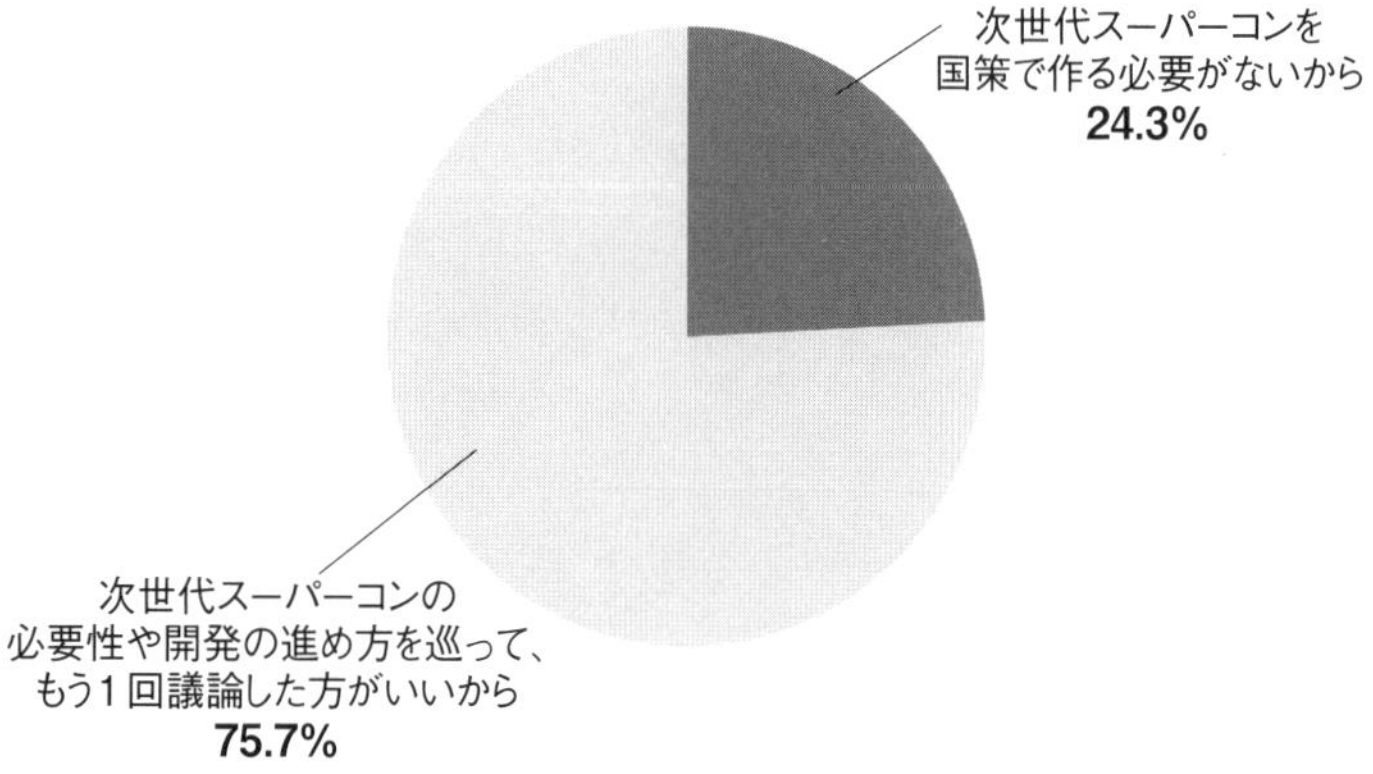

「中止に賛成」と答えた方に理由を伺います。どちらか一つを選んで下さい

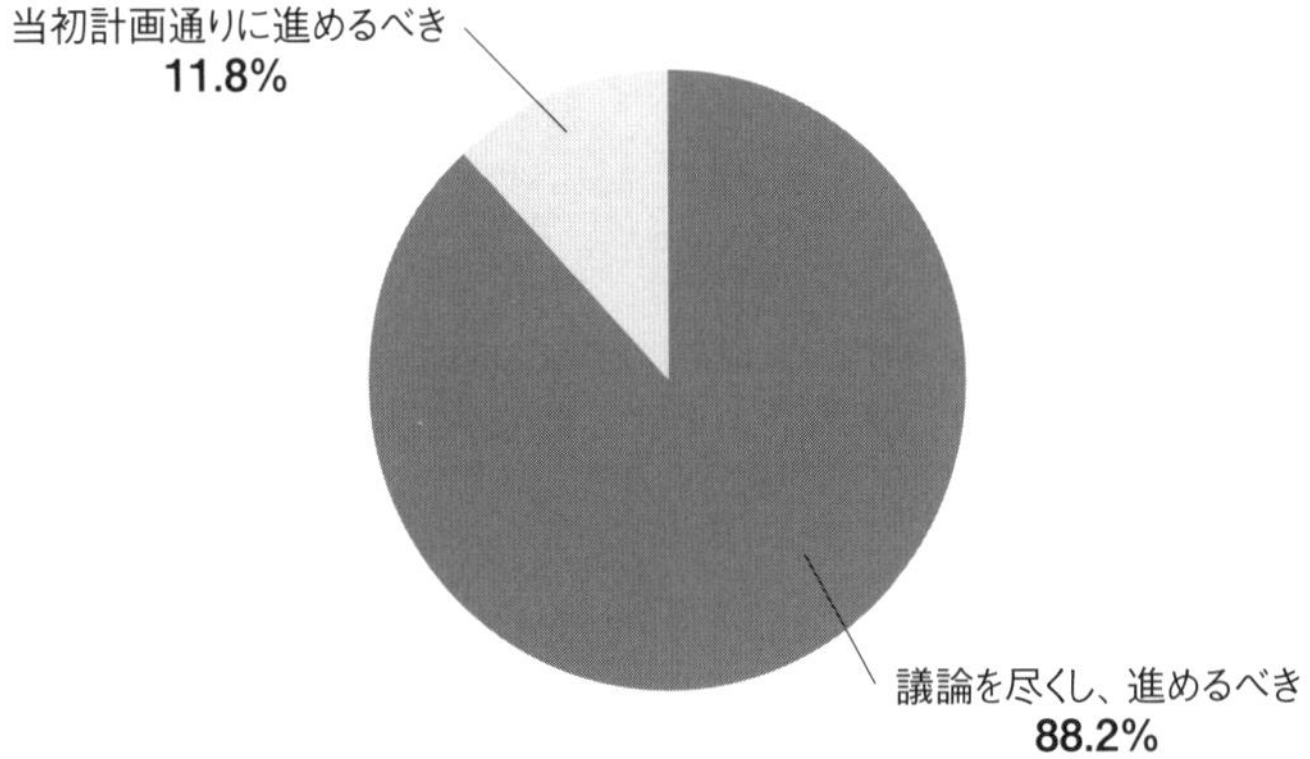

「中止に反対」と答えた方に理由を伺います。どちらか一つを選んで下さい

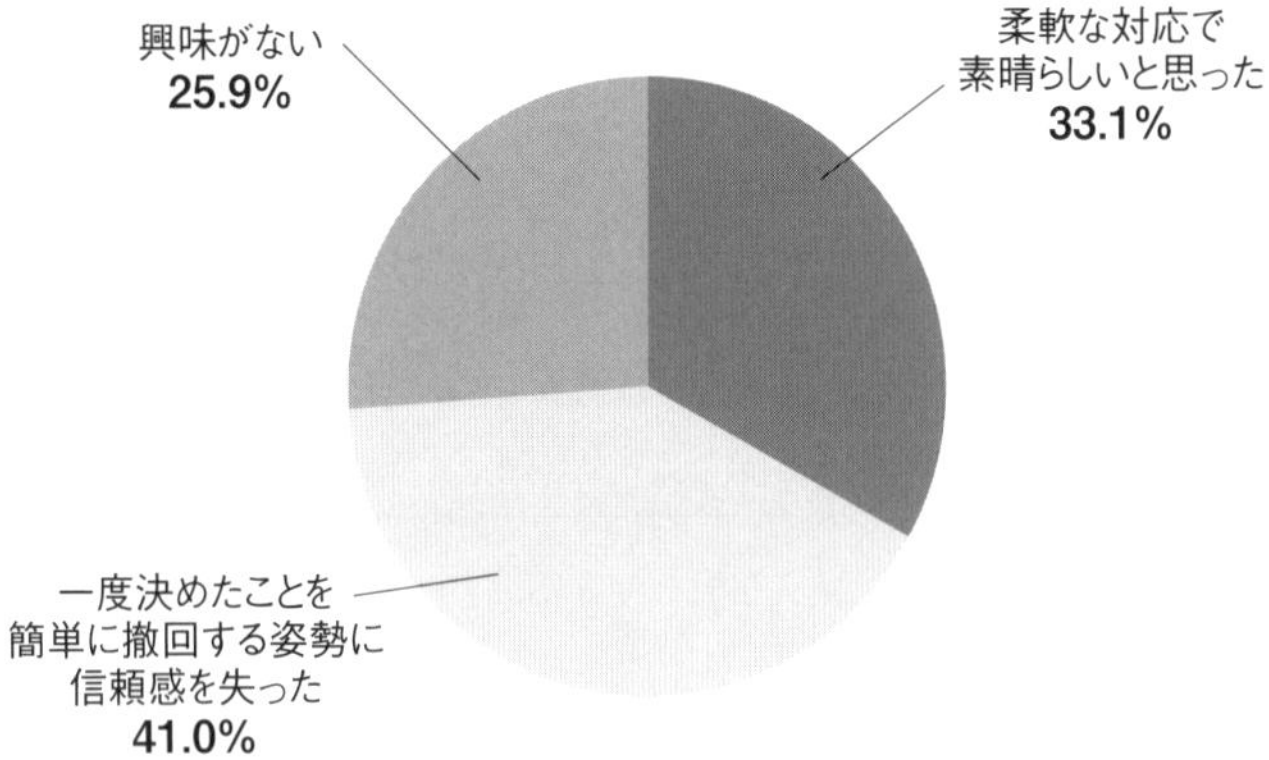

菅副総理の（凍結見直しの）発言と事業仕分けの対応にどのような印象を持ちましたか

・次世代スーパーコンピューター施設などにおいて研究教育拠点を整備し、連携体制を構築する

つまりは1位のスパコンを作ること一辺倒だった目標から、それを使う側を重視したプロジェクトになったわけだ。これらも事業仕分けでの意見を踏まえた変更と言っていい。

なお、当時日経BPのIT系テクノロジーサイト「ＩＴｐｒｏ」（現日経クロステック）と日経コンピュータが行ったアンケートによると、事業仕分けの凍結判定には賛成が54・9％、反対が38・5％と賛成が上回っていた。凍結に賛成した理由は「必要性や開発の進め方を再度議論した方がいいから」が75・7％で、「国策で作る意味がないため」が24・3％。凍結に反対とした理由は「議論をつくして進めるべき」が88・2％で「当初計画通りに進めるべき」が11・8％となった。賛成と反対を問わず全体の79・6％が議論の必要があるとした。凍結判定後の予算復活については、「信頼感を失った」が41・0％、「柔軟な対応で素晴らしい」が33・1％、「興味がない」が25・9％と、やや「信頼感を失った」とする指摘が多かったが、意見は大きく3つに割れた。

有言実行で完成前に世界一

こうしてなんとか生き長らえた次世代スパコン開発のプロジェクトだったが、その後の開発は順調に進んだ。

2010年9月に最初のラック（きょう体、設置する最小単位）が完成し、神戸の専用施設への設置と評価が始まった。2010年11月には4つのラックで48・03テラFLOPSを実現し、電力効率の良さを競うGreen500で4位に入った。

その後も順調に搬入・設置が進み2011年1月には96ラックで1ペタFLOPSを超える性能をたたき出した。なお、最終的なラック数は864に至る。

2011年3月には東日本大震災が発

TOP500で1位となった理研の京（提供：理化学研究所）

生した。「京」に部品を提供するメーカーにも被災したところがあり、製造が停止した。だが、早期の復旧や一部の部材メーカー変更によって1カ月程度で出荷を再開して設置が進んでいった。

そして、完成時の8割にあたる672台の設置が終わった2011年6月にそのときがきた。TOP500用の性能測定において8・162ペタFLOPSを出し、目論見どおり世界一になったのだ。

2位の中国「天河1A号」は2・566ペタFLOPSで、「他の追随を許さない圧倒的な1位だった」(理研計算科学研究機構の平尾公彦機構長)。完成時の10ペタFLOPSも見えてきた。国産のスパコンとしては実に7年ぶりの首位奪還となった。

伏兵「TSUBAME」と松岡教授の挑戦

話はちょっと脱線するが、この2011年6月のスパコンランキングのトップ10には、もう1台日本のスパコンが入っていた。東京工業大学の「TSUBAME2・0」である。1・192ペタFLOPSで5位にランクインしたのだが、実は既にその前年2010年11月には同じ性能を出しており4位にランクイン。国産スパコンとしては初のペタ

ＦＬＯＰＳを達成したのだった。

ＴＳＵＢＡＭＥシリーズのスパコン開発をリードしたのが東京工業大学の松岡聡教授。後に理研で富岳の開発を率いることになるスパコンのスペシャリストだ。

ＴＳＵＢＡＭＥ２・０には画期的な点がいくつもあった。まず、コストが安いこと。機器の調達費と４年間の運用費を合わせてわずか32億円で済むとしていた。京の開発費(運用費を含まない)と比べて40分の１ほどの低コストだ。消費電力も少なく、２０１０年11月に発表されたＧｒｅｅｎ５００では２位にランクインした。

ＣＧ（コンピューターグラフィック

TSUBAME2.0

ス）などの計算に使うグラフィックス用プロセッサ（ＧＰＵ）を多用しているのも特徴だった。米ＮＶＩＤＩＡ（エヌビディア）のＧＰＵ「Ｔｅｓｌａ Ｍ２０５０」４２２４個を搭載しており、ベクトル型の計算を担当した。このほか米インテルの「Ｘｅｏｎ（ジオン）５６００」シリーズ２８１６個でスカラー型の計算もする複合型だったが、演算性能としてはＧＰＵ部分が９割を占め、ベクトル型に向いた計算では世界トップの性能が見込めるとしていた。

松岡教授は初期のＴＳＵＢＡＭＥを開発していた２００３年に、早くもＧＰＵに目を付けていた。ＣＧの演算はベクトルや行列を多用するため、ＧＰＵはベクトル型のプロセッサに似た作りになっている。「これは使えるかもしれない」と当時から考えていたのだ。松岡教授は「そのころ米国の研究者に『将来はスパコンでゲーム用ＧＰＵを使うようになる』といったら笑われた」と語っている。その考えは相当に先駆的で常識破りだった。当時のＧＰＵはパソコンのグラフィックス・ボードに搭載してゲームの３Ｄ表示を速くするために使われる、おもちゃに近いような存在だったのだ。

松岡教授は、２００８年に実際にエヌビディアのＧＰＵを使ったスパコン「ＴＳＵＢＡＭＥ１・２」を作ってＴＯＰ５００にもランクインし、その可能性を世界に知らしめた。そしてＴＳＵＢＡＭＥ２・０での４位。この後ＧＰＵを使ったスパコンは急増する。ＴＳＵＢＡＭＥはＴＯＰ５００で１位にこそなっていないが、世界をリードしたスパコンの一つとなった。

ある大手コンピューターメーカー出身のベテランスパコン技術者はＴＳＵＢＡＭＥ２・０の発表資料を見て次のように語ったという。

「松岡先生のメッセージは相変わらず大言壮語に聞こえるが、発表資料を子細に検討すると、従来型スーパーコンピューターに取って代わる、ＧＰＵの可能性や利用の広がりについて非常に注意深く論じている。ＧＰＵを使うハイブリッド機は今後数年で洗練され、スマートグリッドなど社会インフラにおける核となる可能性がある。ＴＳＵＢＡＭＥ２・０はピンポイントではあるが成功すると思う」

これに答えて、松岡教授は次のように語っている。

「私はＴＳＵＢＡＭＥ１・０で地球シミュレータを抜くと言って抜いたし、ペタコン（ペタＦＬＯＰＳ級のスパコン）を作ると約束したら必ず作る。10月のテスト稼働で１・２～１・４ペタＦＬＯＰＳを実測で出し、11月に発表される世界ＴＯＰ５００の２～３位につける。改良を続け、2014年末に30ペタFLOPSを実現したい。ピンポイントどころか、将来につながるマシンだ」

TSUBAMEのこの後については後ほど述べることにして、話は京に戻そう。

予定通りに「京速」を達成

理化学研究所と富士通が開発したスパコン「京」は2011年8月にすべてのラックの搬入が完了した。そして2011年11月2日、全ラックを使っての測定で10・51ペタFLOPSを達成した。目標通り「1秒当たり1京回の演算性能」を実現できたことになる。同月のTOP500ランキングでも首位を守った。2位の中国「天河一号A」の性能は前回と変わらず、4倍近くへと差を広げた。

消費電力の面でも優れた性能を示した。TSUBAME2・0には負けたものの2011年6月のGreen500では6位を獲得した。上位のほとんどがGPUを使ったシステムであり、「京」は汎用のプロセッサ（CPU）を使ったものとしてはトップクラスの低消費電力となった。

世界一を実現した「京」の技術

やや技術的になるが、「京」における高速化や低消費電力などのための工夫をいくつか紹介しておこう。

「京」の心臓部であるプロセッサは「ＳＰＡＲＣ64 Ⅷｆｘ」といい、富士通が開発した。ＳＰＡＲＣはもともと米サン・マイクロシステムズ（現オラクル）が自社のワークステーション用に１９８５年に開発したものだった。当時、パソコンで広く使われていたインテルのｘ86系などのプロセッサは高機能で複雑な命令セットを持っていたが、よりシンプルな命令セットで並列実効性を高めたＲＩＳＣ（リデュースト・インストラクション・セット・コンピューター、リスク）が考案された。ＳＰＡＲＣはその代表的なプロセッサだ。

富士通は１９９９年からサンと共同開発するようになっており、ハイエンドのＳＰＡＲＣ64は当初から富士通が設計・開発していた。「京」のために開発されたのは「Ⅷ」で分かるように第8世代目にあたる。

スパコンに限らずコンピューターは演算を行うプロセッサがメモリーからデータを取り入れて計算をする。メモリーとのデータの出し入れは、プロセッサ内部での処理と比べるとどうしても遅くなるため、出し入れが少なければ少ないほど実行は速くなる。

ＳＰＡＲＣ64 Ⅷｆｘでは、プロセッサ内部のデータの保持場所であるレジスターを従来の32個から２５６個へと大幅に増やした。

消費電力を抑えるために、45ナノメートルの半導体プロセス技術を採用した。２００９年当時の最先端の技術だった。また、動作周波数は２・０ギガヘルツと比較的低くした。動作周波数を上げれば演算性能も上がるが消費電力も上昇する。ここでは消費電力を優先した設計になっている。このほか、プロセッサの使用していない部分の回路を自動的に止める機能も取り入れて消費電力を抑えている。

コンピューターは同じ計算をさせた

SPARC64 Ⅷfx（提供：富士通）

ら、毎回同じ結果を出すはずだが、実はプロセッサの内部やメモリー、その転送過程において「0」のデータが「1」になったり「1」のデータが「0」になったりすることがある。宇宙線の中性子の影響によるものだ。頻繁に起こるわけではないが、極めて大量のデータを扱い、極めてたくさんの計算をするスパコンでは、めったに起こらないことでもそれなりの頻度で起こってしまう。「京」の規模になると10分に1回エラーが生じるという話もある。何しろ1秒間に1京回の計算ができるのだ。10分なら600京回。ちなみにパソコンのプロセッサは高性能なもので500ギガFLOPS程度。「京」の性能と比べたら2万分の1程度であり、「京」が10分で行う計算が5カ月くらいかかることになる。

そこで、「京」にはこういったエラーが起こったときにも正しい結果を出すための機能が入っている。SPARC64 Ⅷfxはエラー検出やエラー訂正の機能を備えて、ハードウエア的に対処した。

面白いのは計算を再実行する機能を持つことだ。高速で計算しているときにエラーが起こると、同じ計算をもう一度、速度を落として実行する。それで正しく計算できたらまた高速に戻して処理を続けるというものだ。これは富士通のメインフレーム機における技術を応用したものだ。

「京」ではプロセッサ間を接続するネットワークにも独自の技術を使っている。「Tofu

インターコネクト」という高性能かつ高信頼性のネットワークで、それを支えているのが新たに開発したインターコネクトＬＳＩだ。Ｔｏｆｕは12個のプロセッサを一つのグループとして２×２×３の３次元の格子状に接続する。各グループもまた論理的に３次元の格子に並ぶ形になっており、各プロセッサは隣接するグループの同じ位置のプロセッサと接続している。３次元＋３次元で６次元の接続となっている。

一つのインターコネクトＬＳＩが10個のインターコネクトＬＳＩとつながる極めて複雑なものになっており、特に信頼性向上に寄与しているという。これらの技術のおかげで、30時間以上かかったＬＩＮＰＡＣＫの計算中にも１回もエラーが起こらなかったという。

「京」は巨大なシステムである。ＳＰＡＲＣ64 Ⅷｆｘを８万８１２８個も接続する。「天河一号Ａ」の１万４３３６個、ＴＳＵＢＡＭＥ２・０の２８１６個（ＧＰＵは４２２４個）と比べて格段に多い。

１枚のシステムボードにはプロセッサが４個載っている。プロセッサ間を高速でつなぐ働きをするインターコネクトＬＳＩも４つ、メモリーは64ギガバイト搭載する。プロセッサ１つで１２８ギガＦＬＯＰＳの性能を持つので、これで５１２ギガＦＬＯＰＳに相当する。

一つのラックにはこのボードが全部で24枚入る。メモリーは１・５テラバイト、性能は12・３テラＦＬＯＰＳに相当する。このラックが８００台以上並んだものが「京」の全体だ。

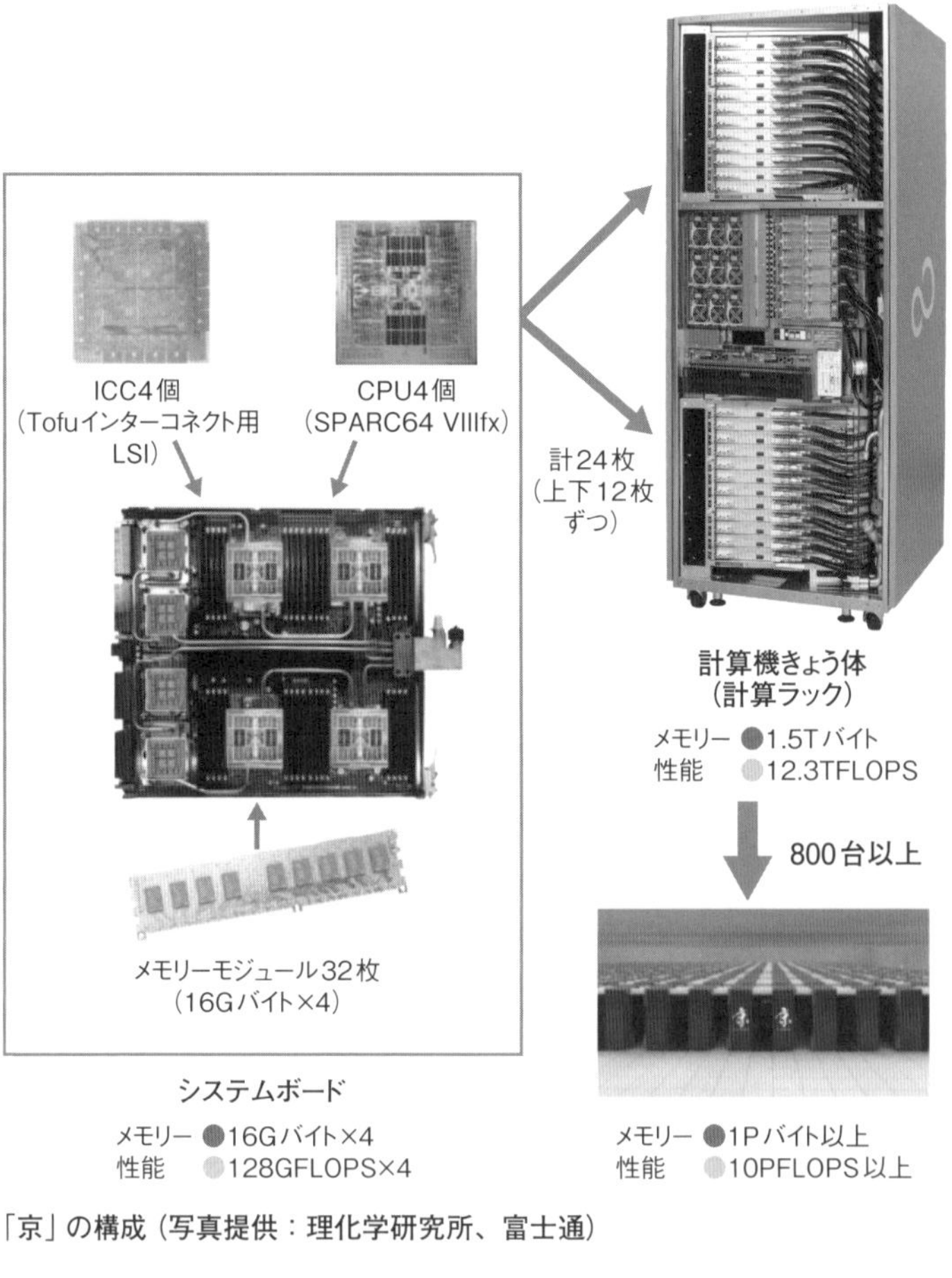

「京」の構成（写真提供：理化学研究所、富士通）

これだけのシステムを格納するのだから施設も重要だ。「京」は神戸市のポートアイランド南部に建設された理化学研究所計算科学研究機構（AICS）の次世代スパコン施設に設置された。施設は大きく分けて、「京」が設置されている計算機棟、研究者が常駐する研究棟、計算機を冷却するための熱源機械棟、70Kボルトの電気を受電する特高施設の4つの建物からなる。計算機棟と研究棟は免震構造になっており、震度6強レベルの地震でも激しい揺れを減免できる。計算機棟は3階建てで3階は柱がなく、そこにラックを並べている。ファイルシステムは1階に設置され、2階と地下1階には空調設備が備えられている。

神戸のポートアイランドにあるAICSの施設（提供：理化学研究所）

運用段階に入った「京」

富士通は「京」をベースにした商用のスパコンも販売した。「京」とソフトウエアの互換性があり、「京」用のプログラム開発にも利用できるものだ。プロセッサは「京」のものよりも高性能な新開発の「SPARC64 IXfx」で、最大1024ラックまで拡張でき、最大の構成では「京」の約2倍の23・2ペタFLOPSの性能を持っていた。東京大学などが導入した。

「京」を使った成果も2011年には既に出始めた。スーパーコンピューターを使って優れた成果を出したグループを表彰するゴードン・ベル賞を、理研、筑波大学、東京大学、富士通のグループが受賞したのだった。研究内容は、次世代半導体の材料として注目されていたシリコン・ナノワイヤーの電子状態を計算したもの。日本のグループが同賞を受賞するのは地球シミュレータ以来7年ぶりだった。翌2012年にも筑波大学と理研、東京工業大学のグループが、宇宙の生成過程を知るのに重要なダークマターのシミュレーションで同賞を受賞している。

前述のように、事業仕分けでの指摘などを受けて「京」のプロジェクトに加わったのがHPCIと呼ぶスパコン共同利用の基盤だ。予定をほぼ2カ月前倒しして2012年9

月28日に開始した。理研だけでなく北は北海道大学、南は九州大学まで各地の国立大学や研究機関のスパコンをネットワークでつなぎ、利用できるようにしている。年に1回の定期募集課題や、年間を通じて受け付けている随時募集課題、臨時に募集する課題などから選定を経て利用できる。多くの課題では利用は無償である。産業利用にも開かれており、実際の課題解決に使う前にトライアルで使うこともできる。臨時の課題としては例えば新型コロナウイルス感染症に対応した課題の募集などがされている。

「京」に関しては当初から一般利用枠を3割確保しており、枠の比率は年々増えていった。それだけ実際に活用されてきたと言っていいだろう。

このほか「京」の実績としては、超高解像度の地球全体の雲の動きのシミュレーション、高精度な心臓の拍動のシミュレーション、リチウムイオン電池の急速充電、高電圧作動を可能にする電解液のメカニズム解明、大規模都市震災シミュレーション、ゲリラ豪雨予測のシミュレーションなど枚挙にいとまがない。

中国の台頭

「京」のスパコン性能1位は長くは続かず、2012年6月には米IBMが米ローレン

	2013 年 11 月	2014 年 6 月	2014 年 11 月	2015 年 6 月	2015 年 11 月
	天河 2 号	天河 2 号	天河 2 号	天河 2 号	天河 2 号
	Titan	Titan	Titan	Titan	Titan
	Sequoia	Sequoia	Sequoia	Sequoia	Sequoia
	京	京	京	京	京
	Mira	Mira	Mira	Mira	Mira
	Piz Daint	Piz Daint	Piz Daint	Piz Daint	Trinity
	Stampede	Stampede	Stampede	Shaheen II	Piz Daint
	JuQUEEN	JuQUEEN	JuQUEEN	Stampede	Hazel Hen
	Vulcan	Vulcan	Vulcan	JuQUEEN	Shaheen II
	SuperMUC	Cray XC30	Cray CS-Storm	Vulcan	Stampede

	2018 年 11 月	2019 年 6 月	2019 年 11 月	2020 年 6 月	2020 年 11 月
	Summit	Summit	Summit	富岳	富岳
	Sierra	Sierra	Sierra	Summit	Summit
	神威太湖之光	神威太湖之光	神威太湖之光	Sierra	Sierra
	天河 2 号	天河 2 号	天河 2 号	神威太湖之光	神威太湖之光
	Piz Daint	Frontera	Frontera	天河 2 号	Selene
	Trinity	Piz Daint	Piz Daint	HPC5	天河 2 号
	ABCI	Trinity	Trinity	Selene	JUWELS Booster Module
	SuperMUC-NG	ABCI	ABCI	Frontera	HPC5
	Titan	SuperMUC-NG	SuperMUC-NG	Marconi-100	Frontera
	Sequoia	Lassen	Lassen	Piz Daint	Dammam-7

	2011年6月	2011年11月	2012年6月	2012年11月	2013年6月
1位	京	京	Sequoia	Titan	天河2号
2位	天河1号A	天河1号A	京	Sequoia	Titan
3位	Jaguar	Jaguar	Mira	京	Sequoia
4位	星雲	星雲	SuperMUC	Mira	京
5位	TSUBAME 2.0	TSUBAME 2.0	天河1号A	JuQUEEN	Mira
6位	Cielo	Cielo	Jaguar	SuperMUC	Stampede
7位	Pleiades	Pleiades	Fermi	Stampede	JuQUEEN
8位	Hopper	Hopper	JuQUEEN	天河1号A	Vulcan
9位	Tera-100	Tera-100	Curie thin nodes	Fermi	SuperMUC
10位	Roadrunner	Roadrunner	星雲	DARPA Trial Subset	天河1号A

	2016年6月	2016年11月	2017年6月	2017年11月	2018年6月
1位	神威太湖之光	神威太湖之光	神威太湖之光	神威太湖之光	Summit
2位	天河2号	天河2号	天河2号	天河2号	神威太湖之光
3位	Titan	Titan	Piz Daint	Piz Daint	Sierra
4位	Sequoia	Sequoia	Titan	Gyoukou	天河2号
5位	京	Cori	Sequoia	Titan	ABCI
6位	Mira	Oakforest-PACS	Cori	Sequoia	Piz Daint
7位	Trinity	京	Oakforest-PACS	Trinity	Titan
8位	Piz Daint	Piz Daint	京	Cori	Sequoia
9位	Hazel Hen	Mira	Mira	Oakforest-PACS	Trinity
10位	Shaheen II	Trinity	Trinity	京	Cori

TOP500の上位10位の推移。網掛けをしたのは国内のスパコン

ス・リバモア国立研究所に納入したセコイアが16・32ペタFLOPSで1位になり、「京」は2位に後退した。セコイアのベースになった「ブルージーン/Q」システムは3位に入った米アルゴンヌ国立研究所のミラでも使われていた。

次の2012年11月には米クレイが開発した米オークリッジ国立研究所のタイタンが17・59ペタFLOPSで首位を獲得、セコイアが2位、「京」は3位、ミラは4位となった。翌2013年6月には中国国防科学技術大学（NUDT）が開発した「天河2号」が1位に躍り出た。実行性能は33・86ペタFLOPSで「京」の3倍以上となる。2位から5位は前回の1位から4位がそのまま一つずつ順位を落とした。このまま2015年11月まで、なんと丸3年間6回にわたって1位から5位に同じ顔触れが並んだ。これだけ長期間にわたって上位の顔ぶれが変わらないのは珍しい。

中国製スパコンで2機種目の1位となった「天河2号」は1万6000のノードを持ち、それぞれのノードがインテルのXeon IvyBridgeプロセッサ2つと、アクセラレータとしてXeon Phiプロセッサ3つを備えていた。インテルのプロセッサのみで1位になったスパコンは2000年以来だった。

上位の顔ぶれが変わらないとはいえ、水面下では中国の台頭が著しかった。2015年11月のTOP500では、500位以内に入ったスパコンの数で中国が前回の37台から

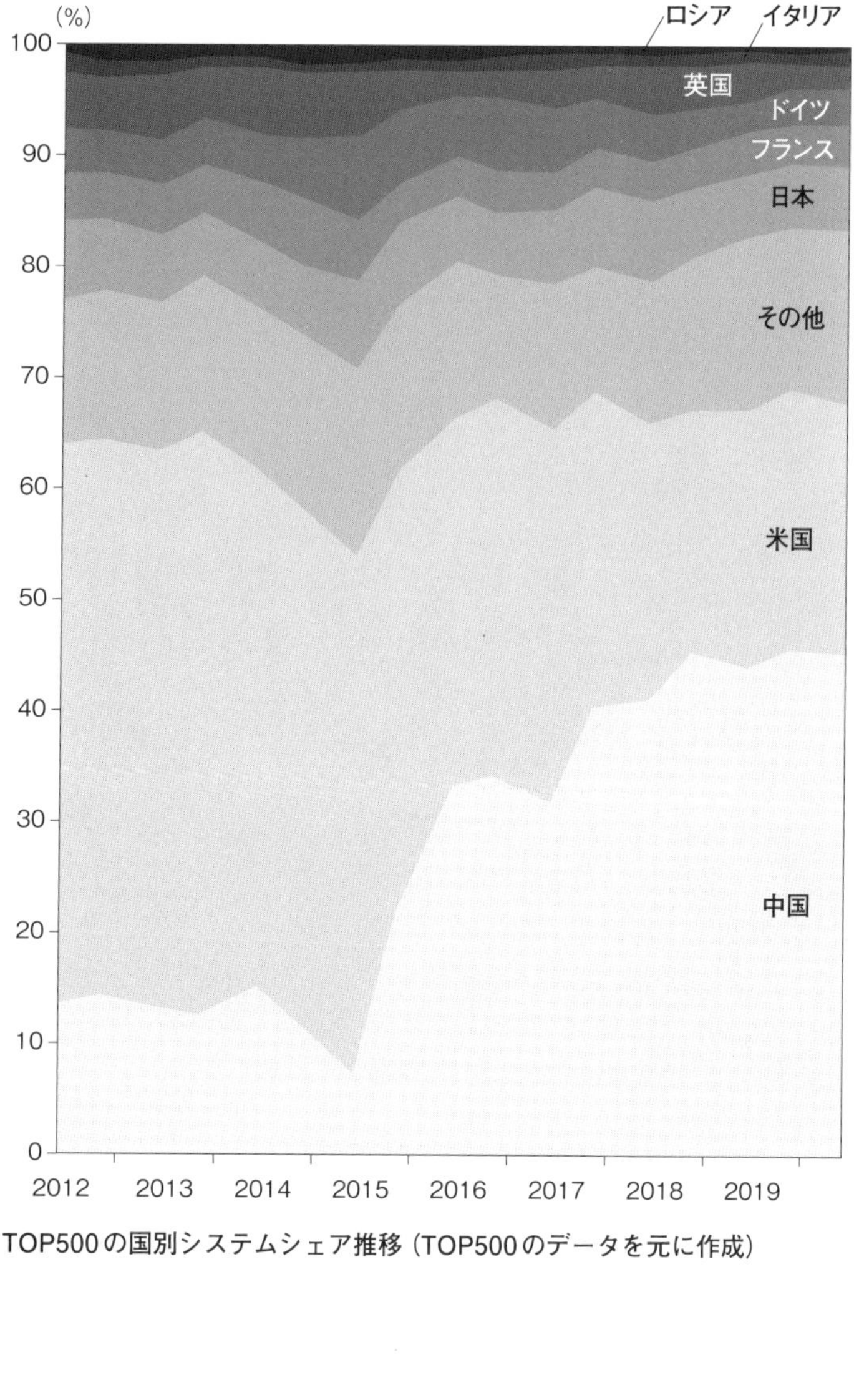

TOP500の国別システムシェア推移（TOP500のデータを元に作成）

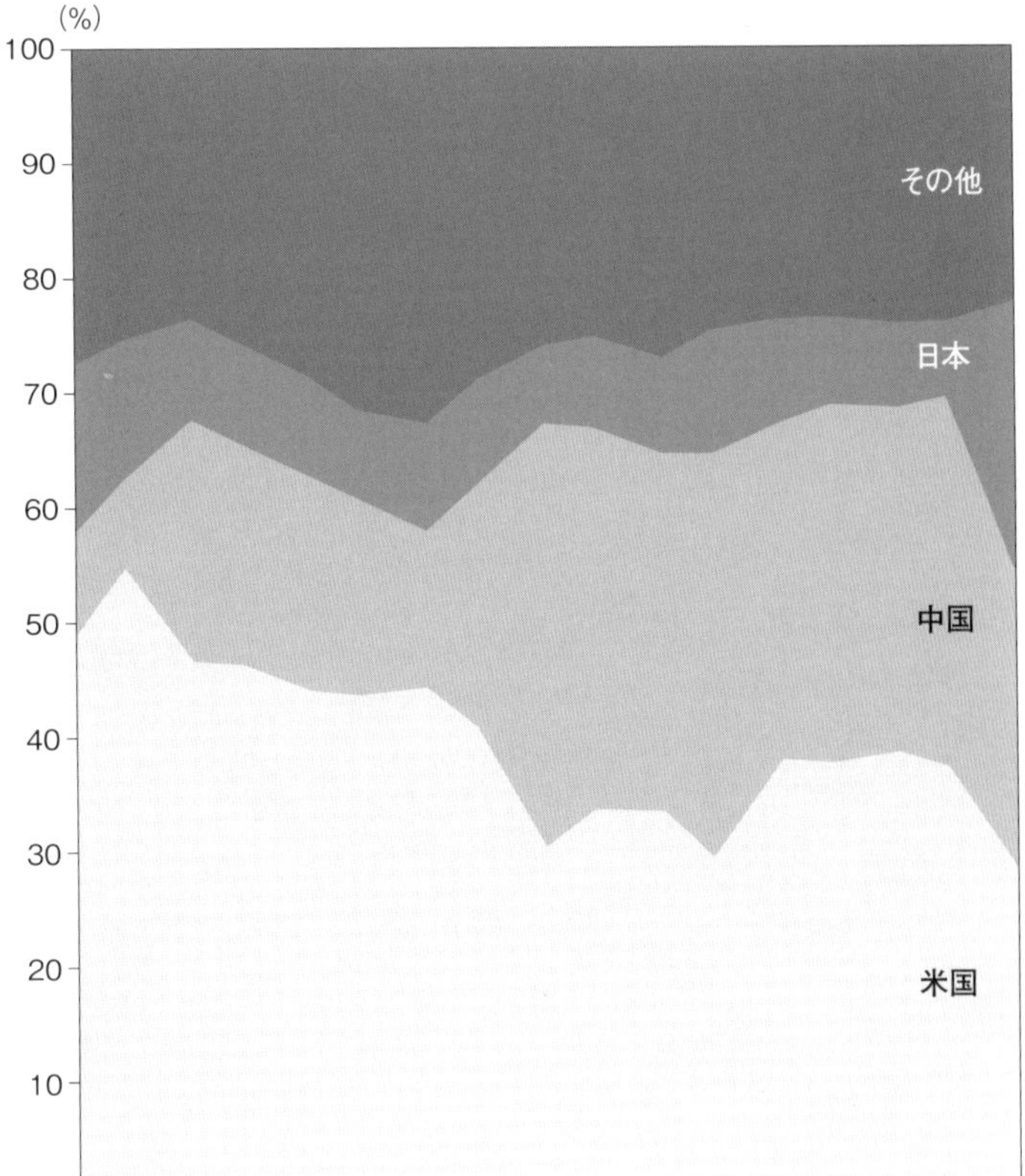

TOP500の国別性能推移（TOP500のデータを元に作成）

109台へと急伸、40台から36台に落ちた日本を抜いて台数で2位に上がった。500位以内の実行性能の総量でも中国は首位米国の172・7ペタFLOPSに次ぐ88・7ペタFLOPS。日本の36・5ペタFLOPSに大きな差を付けた。

2016年6月のランキングではついに大きな異変が起こった。中国の無錫国立スーパーコンピューティングセンターの神威太湖之光（Sunway TaifuLight）が初登場で1位をかっさらったのだ。LINPACKベンチマーク上の実行性能は93ペタFLOPS。「京」の約9倍、「天河2号」の約3倍となる圧倒的な速さだ。消費電力は「京」とほぼ同等で、電力当たりの性能もトップクラスだった。

しかも神威太湖之光がさらに画期的だったのはプロセッサが中国で設計・製造されたものだったこと

神威太湖之光

だ。それまで中国製でＴＯＰ５００の１位になった天河１号ＡはインテルのＣＰＵとエヌビディアのＧＰＵ、天河２号はインテル製の２種類のプロセッサを使っていたが、初の中国製プロセッサによる１位となった。

　このプロセッサ「申威２６０１０」は中国国家高性能集成電路（上海）設計中心が設計・製造した。プロセッサの中の演算を行うユニットを「コア」といい、一つのプロセッサの中には複数のコアを持つ「マルチコア」が一般的だ。「京」のＳＰＡＲＣ64 Ⅷｆｘは８コアを持つが、申威２６０１０はコアを２６０個も持っている。このように多数のコアを持つプロセッサは「メニーコア」と呼ばれており２０１０年代に少しずつ存在感を増して行っていた。神威太湖之光の前に３年間１位を守った「天河２号」で使われていたＸｅｏｎ Ｐｈｉは57個のコアを持つメニーコアのプロセッサだったが、申威２６０１０はその５倍近いコアを持っていた。

　申威２６０１０は、申威シリーズの第４世代。第３世代までのプロセッサとは命令セットなども異なる独自設計と見られている。申威２６０１０の性能値を読み解くと、演算速度に注力した結果、相対的にメモリーのデータ伝送速度（帯域）が不足するアンバランスさが際立つ。外部メモリー帯域（バイト／秒）と演算性能（ＦＬＯＰＳ）の比「Ｂ／Ｆ」は０・04で、エヌビディアのＧＰＵやインテルのＣＰＵの０・14前後に比べて極端に低い。

一般的にはメモリー帯域が処理能力に対して不足すると、十分な量のデータが供給されず、プロセッサが待ちぼうけになりやすい。

ベンチマークでもその特徴は現れている。ＴＯＰ５００の順位付けに使われているＬＩＮＰＡＣＫベンチマークはメモリー帯域を比較的使わない。この場合、理論演算性能に対して実際の演算性能がどれだけ出るかを示す実行効率は74%とインテルやエヌビディアのチップと遜色ないが、頻繁にデータを読み書きするＨＰＣＧベンチマークでは実行効率０・３％と、ほかのチップの１・１％〜４・

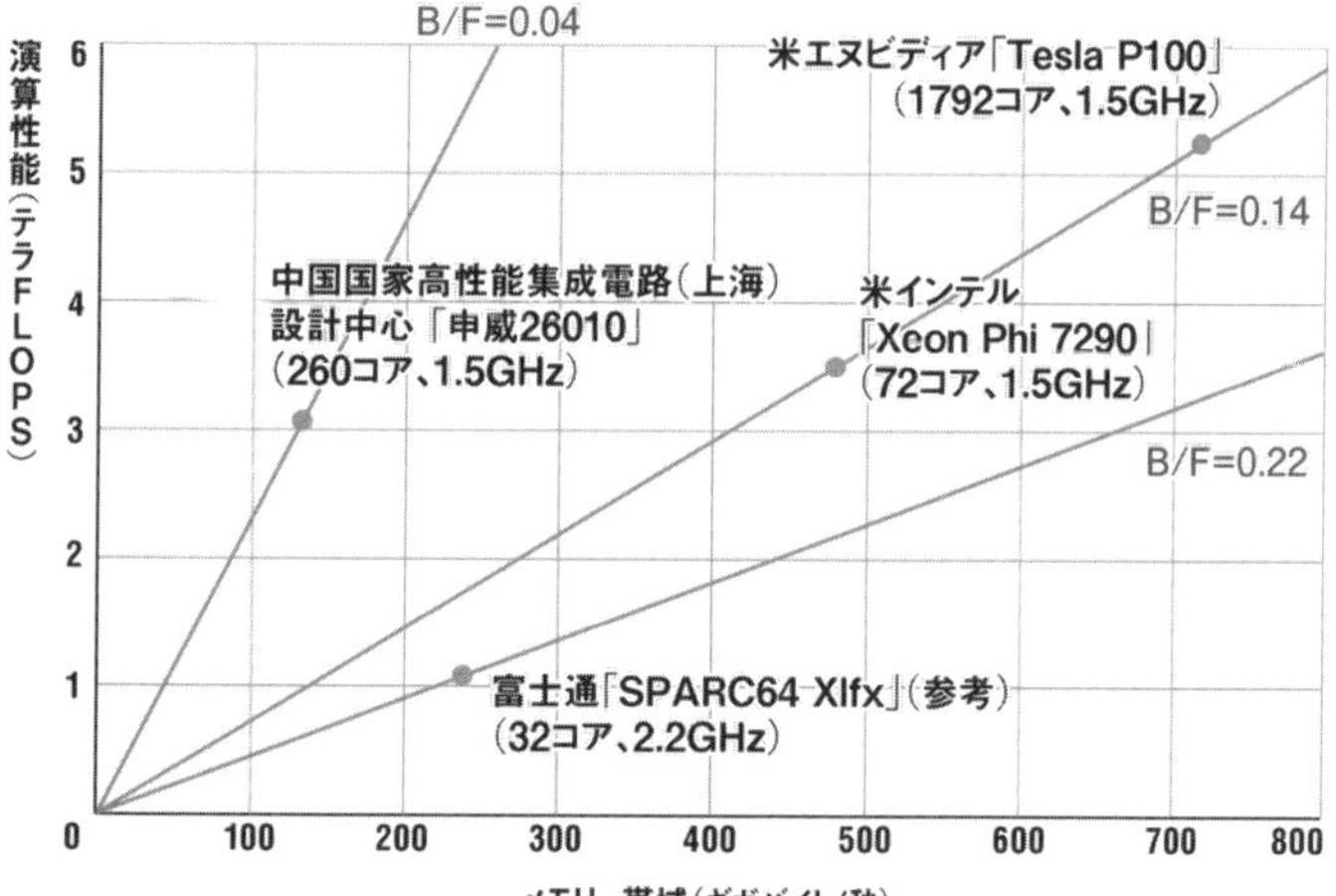

B/F：メモリー帯域(バイト/秒)を演算性能(FLOPS)で割った値。
値が大きいほど、演算性能を生かすのに十分なメモリー帯域があることを示す

HPC向けプロセッサの演算性能とメモリー帯域（推定値）。演算性能に特化した中国、バランスを重視した米国2社

9%よりも低い。アプリケーションによっては性能を発揮できない可能性がある。

だからといって申威26010がTOP500で1位を取るためだけに作られたのかと考えてしまうのは早計だ。2016年のゴードン・ベル賞が神威太湖之光における気象の計算に与えられており、そのほかにも2件のアプリケーションソフトが同賞の最終候補に入っていたのだ。このことは一定のメモリー帯域が必要な実用分野で十分な性能を得ていることを示している。

TOP500を主宰する米テネシー大学のジャック・ドンガラ教授は「同システム上でアプリケーションを効率よく動かすため、ソフトウエア面でかなりの努力をしたのだろう」とみる。

申威26010は、完全に新しい設計や命令セットを持つプロセッサなので、既存のソフトウエアが利用できない。そういう意味でもソフトウエア整備に頼る部分は非常に大きい。その代わり、これまでのしがらみを捨て、あまり重要でないと判断した機能を外したことが、高性能や低消費電力につながったようだ。

例えば、ほとんどのプロセッサが持つデータ・キャッシュ（計算に使うデータをメモリーからプロセッサに一時的に保管することでメモリーとのやり取りを減らして高速化する機能）を持たない。その代わりにスクラッチパッド・メモリーというソフトウエアでコントロールするプロセッサ内のメモリーを持っている。データ・キャッシュの場合はどのデータをプロセッサ内に置いて、どのデータをメモリーに戻すかといった判断をプロセッサ自身が行うためソフトウエアではキャッシュを意識する必要がないが（「京」のプロセッサはソフトウエアでキャッシュを制御する機能を持っているが、多くのプロセッサにはその機能はない）、スクラッチパッド・メモリーはプロセッサには判断する機能はなくソフトウエアで制御しないといけない。その分、ソフトウエアの負担は増えるが、うまく使えば効率的になる。

また、外部のメモリーはＤＤＲ３という比較的低速なものを使っている。消費電力が抑えられるが、スクラッチパッド・メモリーをうまく使ってメモリーへのアクセスを減らさないと性能は発揮できない。やはりソフトウエアに依存する部分が多いのだ。

賛否両論を引き起こした神威太湖之光。その圧倒的性能とユニークな構成はスパコンの新しい時代を開き、中国がスパコンをリードする時代が来たことを予感させた。一方「京」の順位は２０１６年6月の5位から11月は7位、17年6月は8位、11月は10位と落ちていき、18年6月以降はトップ10から脱落した。

「京」の引退

２０１９年８月30日、跡地に富岳を設置するため、「京」の電源は落とされた。理研は「京」を設置する計算科学研究センターで「シャットダウンセレモニー」を開催。関係者が集まり「別れ」を惜しんだ。「京は並列計算技術における、わが国の歴史的な転換点として名を残すだろう」。センター長に就任していた東京工業大学の松岡聡教授はこう語った。

京の働きぶりはどうだったのだろうか。２０１２年９月のＨＰＣＩ開始から２０１９年８月の間、

スーパーコンピューター「京」をシャットダウンする国会議員ら

京は合計約36億３０００万ノード時間の計算資源を提供したという。１ノード時間は、１ノードあたりの計算を１時間実行することを意味する。しかし、これだけではいまひとつピンとこない。

同センター運用技術部門長の庄司文由氏に話を聞くと、京の稼働率は２０１８年度に過去最高の95・３％に達した。「この割合の分母にはメンテナンス時間を含んでいる」（庄司氏）。参考までに、米イリノイ大学のスパコン「Ｂｌｕｅ Ｗａｔｅｒｓ」の稼働率は「91％」（庄司氏）だ。「京」は十分にその役割を果たしたと言えるだろう。

「京」の設置場所にはその後富岳が設置された。ＡＩＣＳの最寄り駅はポートアイランド線の「京コンピュータ前」。「京」が役割を終えたことにより、２０２１年６月に「計算科学センター」駅と変わる。スパコンの名前は駅名からなくなるが、新たなランドマークとして「神戸どうぶつ王国・「富岳」前」という副駅名に残ることになった。

消費電力で健闘した国産勢

「京」以降、富岳の登場までＴＯＰ５００で１位を取る国産のスパコンは現れなかった。ただ、スパコンのランキングはＴＯＰ５００だけではない。代表的なものは４つある。

そのうちの一つ、ビッグデータの解析機能を競う「Ｇｒａｐｈ５００」というランキングがあり、「京」は２０１４年６月から引退間近の２０１９年６月まで、途中一度2位になっただけで1位を続けた。「京」の設計の優秀さを示したと言える。

ＴＯＰ５００のプロジェクトもＴＯＰ５００のほかにＨＰＣＧとＧｒｅｅｎ５００という二つのランキングを出している。ＨＰＣＧはメモリーへのアクセスが頻繁に起こる実アプリケーションでの使い方に近い計算を行うもの。Ｇｒａｐｈ５００と似たコンセプトだが、ＴＯＰ５００の創設者であるテネシー大学のジャック・ドンガラ氏によると「Ｇｒａｐｈ５００は浮動小数点演算でなく整数演算の性能を見るもので、まったくジャンルが異なる」のだという。ただ、２０２０年11月時点でもＨＰＣＧにエントリーしているシステムは75にとどまっており、他のランキングと比べると参加が進んでいない。

もう一つのＧｒｅｅｎ５００はＴＯＰ５００の性能を消費電力で割った、消費電力当たりの性能で順位を決めるものだ。国産勢はこのＧｒｅｅｎ５００で気を吐いている。表に示したように、２０１３年11月以降のランキングでは毎回2機種以上がトップ10に入っている。

その中でも毎回のようにトップ10に送り込んでいたのが東京工業大学のＴＳＵＢＡＭＥシリーズだ。前述のようにＧＰＵを使ったスパコンの先駆けとなった

ＴＳＵＢＡＭＥ２・０は２０１０年11月のＧｒｅｅｎ５００で2位に入った。

２０１３年11月には「ＴＳＵＢＡＭＥ-ＫＦＣ」が1位、「ＴＳＵＢＡＭＥ２・５」が6位と2機種が10位以内にランクインした。ＴＳＵＢＡＭＥ２・５はＴＳＵＢＡＭＥ２・０のＧＰＵを新しい世代のものに変えて性能をアップしたもの。ＴＳＵＢＡＭＥ-ＫＦＣは２０１５年に導入する計画のＴＳＵＢＡＭＥ３・０のプロトタイプとして作ったものだ。ＴＯＰ５００では３１１位にランクインしている（ＴＯＰ５００でランクインしないとＧｒｅｅｎ５００の対象とはならない）。

名称のＫＦＣは、Kepler Fluid-oil Cooling（油浸冷却）の略で、ＴＳＵＢＡＭＥ２・５でも利用するエヌビディアのＧＰＵ「Ｋｅｐｌｅｒ」の1次冷却に、空冷や水冷ではなく、油を利用することに由来する。演算ボードを油槽に丸ごと浸してしまうのが特徴だ。

この名称、多くの人が想像するようにケンタッキーフライドチキンをもじったものだ。ＴＳＵＢＡＭＥ-ＫＦＣの1号機が稼働したのは２０１２年4月。当時から「原理としては、フライドチキンは鶏肉を油で揚げるとカロリーと保存性が大幅に高くなる効果に着目し、同じ鳥類のＴＳＵＢＡＭＥも同様に油揚することによって、エクサフロップス時代のスパコンとしてのエネルギー効率と信頼性を高めるものです」（開発者の松岡聡教授のツイッター）と、洒落っ気たっぷりの説明をしていた。ただ、予定より2年遅れて

	2015年11月	2016年6月	2016年11月
	Shoubu	Shoubu	DGX SaturnV
	TSUBAME-KFC/DL	Satsuki	Piz Daint
	GSI Helmholtz Center	神威太湖之光	Shoubu
	Sugon Cluster W780I	GSI Helmholtz Center	神威太湖之光
	XStream	Sugon Cluster W780I	QPACE3
	IT Company	XStream	Oakforest-PACS
	Internet Service	Internet Service	Theta
	Internet Service	Internet Service	XStream
	Internet Service	Internet Service	Camphor 2
	Internet Service	Internet Service	SciPhi XVI

	2019年6月	2019年11月	2020年6月	2020年11月
	DGX SaturnV Volta	A64FX prototype	MN-3	NVIDIA DGX SuperPOD
	Summit	NA-1	Selene	MN-3
	AI Bridging Cloud Infrastructure（ABCI）	AiMOS	NA-1	JUWELS Booster Module
	MareNostrum P9 CTE	Satori	A64FX prototype	Spartan2
	TSUBAME3.0	Summit	AiMOS	Selene
	PANGEA III	AI Bridging Cloud Infrastructure（ABCI）	HPC5	A64FX prototype
	Sierra	MareNostrum P9 CTE	Satori	AiMOS
	Advanced Computing System（PreE）	TSUBAME3.0	Summit	HPC5
	Taiwania 2	PANGEA III	富岳	Satori
	Huawei G5500	Sierra	Marconi-100	富岳

	2013年11月	2014年6月	2014年11月	2015年6月
1位	TSUBAME-KFC	TSUBAME-KFC	L-CSC	Shoubu
2位	Wilkes	Wilkes	Suiren	Suiren Blue
3位	HA-PACS TCA	HA-PACS TCA	TSUBAME-KFC	Suiren
4位	Piz Daint	SURFsara	Storm1	GSI Helmholtz Center
5位	romeo	Piz Daint	Wilkes	TSUBAME-KFC
6位	TSUBAME 2.5	romeo	Financial Institution	XStream
7位	University of Arizona	CSIRO GPU Cluster	HA-PACS TCA	Storm1
8位	Max-Planck-Gesellschaft MPI/IPP	TSUBAME 2.5	SURFsara	Wilkes
9位	Financial Institution	HPC2	Piz Daint	Taurus GPUs
10位	CSIRO	Financial Institution	romeo	Financial Institution

	2017年6月	2017年11月	2018年6月	2018年11月
1位	TSUBAME3.0	Shoubu system B	Shoubu system B	Shoubu system B
2位	kukai	Suiren2	Suiren2	DGX SaturnV Volta
3位	AIST AI Cloud	Sakura	Sakura	Summit
4位	RAIDEN GPU subsystem	DGX SaturnV Volta	DGX SaturnV Volta	AI Bridging Cloud Infrastructure（ABCI）
5位	Wilkes-2	Gyoukou	Summit	TSUBAME3.0
6位	Piz Daint	TSUBAME3.0	TSUBAME3.0	Sierra
7位	Gyoukou	AIST AI Cloud	AIST AI Cloud	AIST AI Cloud
8位	Research Computation Facility for GOSAT-2（RCF2）	RAIDEN GPU subsystem	AI Bridging Cloud Infrastructure（ABCI）	MareNostrum P9 CTE
9位	Facebook	Wilkes-2	MareNostrum P9 CTE	Advanced Computing System（PreE）
10位	DGX Saturn V	Piz Daint	Wilkes-2	Taiwania 2

Green500のトップ10推移。網掛けは国内のスパコン

２０１７年に稼働したＴＳＵＢＡＭＥ３．０では油冷は使われなかった。油冷は保守性に問題があったと言われている。

ＴＳＵＢＡＭＥ３・０がそれまでのＴＳＵＢＡＭＥと異なるのは人工知能（ＡＩ）での活用を強く意識したことだ。ＡＩの機械学習などの計算では、従来のスパコンで重視されてきた「倍精度」と呼ばれる精度の高い実数計算はあまり必要なく、単精度あるいはその半分のデータ量しかもたない半精度の計算で十分なことが多い。ＴＳＵＢＡＭＥ３・０は倍精度の理論演算性能は12・15ペタＦＬＯＰＳと「京」をわずかに上回る程度だが、単精度では24・3ペタＦＬＯＰＳ、半精度では47・2ペタＦＬＯＰＳと非常に高速に演算する。

ＴＳＵＢＡＭＥ以上にＧｒｅｅｎ５００のランキングで気を吐いたのがスタートアップのＰＥＺＹ（ペジー）グループが開発したスパコンだ。２０１４年11月に高エネルギー加速器研究機構に納入した「Ｓｕｉｒｅｎ（睡蓮）」が2位に入り、２０１５年6月のランキングではなんと1位から3位までを同社製のスパコンが獲得した。1位は理化学研究所に納入した「Ｓｈｏｕｂｕ（菖蒲）」で、3位がＳｕｉｒｅｎ、2位がＳｕｉｒｅｎと同じく高エネルギー加速器研究機構に納入した「Ｓｕｉｒｅｎ Ｂｌｕｅ（青睡蓮）」だった。Ｓｈｏｕｂｕは２０１６年6月まで3回連続1位となり、その後継となるＳｈｏｕｂｕ

ＳｙｓｔｅｍＢも２０１７年11月から２０１８年11月まで３回１位を続けた。

２０１８年６月には再び１位から３位を独占するとともに５位にも海洋研究開発機構（ＪＡＭＳＴＥＣ）横浜研究所に設置された「Ｇｙｏｕｋｏｕ（暁光）」が入った。ＧｙｏｕｋｏｕはＴＯＰ５００でも４位と大健闘した。

ＰＥＺＹのスパコンは「ＰＥＺＹ-ＳＣ」という独自のプロセッサを搭載している。また、グループのＥｘａＳｃａｌｅｒ（エクサスケーラー）が開発した液浸冷却技術を採用しているのも特徴だった。

ただ、ＰＥＺＹは２０１７年12月に齋藤元章社長が助成金詐欺の疑いで逮捕され、２０２０年３月には懲役５年の実刑判決が出ている。会社は今も続いており、新たな開発も行っているが、ＰＥＺＹのスパコンを敢えて使おうとするところはなかなかなさそうだ。Ｇｙｏｕｋｏｕの２０１８年６月に提出された性能は今でもＴＯＰ５００の17位、Ｇｒｅｅｎ５００の13位に相当するレベルだが、助成金詐欺とは別の理由で撤去を余儀なくされた。ＰＥＺＹ自身が保有するＮＡ-１というスパコンは２０１９年11月のＧｒｅｅｎ５００で２位、２０２０年６月は３位に入っているが、他の組織では使われていないようだ。

また、ＰＥＺＹのスパコンは上記のような独自アーキテクチャーのため、既存のソフトウエアを利用できないという難点があった。ＬＩＮＰＡＣＫなどのベンチマークテスト以外にもいくつかのソフトは動いていたという情報があるが、ソフト開発にかなり苦労していたのは間違いないようだ。ソフト開発者を確保する面でも詐欺でケチが付いたのは痛かった。

同社の技術が本物だったのであれば、失われてしまうのは非常にもったいないことであるが、現状はなかなか厳しいと言わざるを得ない。同社については4章で詳しく取り上げる。

1位を目指すこと

ここまで「京」の開発から富岳の登場前までのスパコンの世界を追った。この章の最後に、冒頭に挙げた「2位じゃだめなんでしょうか」についてもう一度考えてみたい。「京」がＴＯＰ５００で1位を取ったときに、開発を統括した理化学研究所計算科学研究機構機構長の平尾公彦氏に日経ものづくりがインタビューした内容から引用しよう。

実は、第37回TOP500で1位を取れるかどうかは、蓋を開けてみるまで分かりませんでした。米国でも同じような開発が進んでいたからです。目指したからといって1位になれるとは限らないですよね。

京は開発の過程で1位か2位かが注目を集めましたが、今になって私が考えることは、常にトップグループにいなければダメだということです。トップグループにいるということは、言い換えると1位を狙える位置にいるということです。トップグループと2番手グループでは全く状況が違います。

一口にスパコンといっても、米国は米国方式、日本は日本方式、中国は中国方式という具合に、さまざまな個性があります。いずれの方式にせよ、自ら開発している限りは、そこで開発した技術は自分たちの血肉となります。

一方、2番手グループは、トップグループの誰かの背中を見てまねるので、ある意味で比較的簡単です。京の開発には、1000人以上の研究者と技術者が関わっていますが、まねするのならそんな人数は要りません。費用も相当少なくて済むでしょう。しかし、まねなので技術は全てトップグループにいる人たちのものです。

スパコンというのは、そこで開発した技術が必ずさまざまな所で使われます。今はコンピューターが入っていないものはないですよね。だから、あらゆる所にスパコンで開発された技術が生かせるのです。波及効果がものすごく大きい。しかし、誰かの背中を見続ける2番手グループでは、こうした波及効果は期待できません。なぜなら、自分たちの技術ではないからです。

最初にエベレストに登ったのは、エドモンド・ヒラリー氏ということは誰もが知っています。でも「2番目に登った人は誰ですか」と聞くと、誰も知らないですよね。

科学にも似たところがあります。最初に発見した人の名前だけが後までずっと残り、2人目、3人目は忘れられてしまう。たとえ、彼らが全く独自に発見したとしても、やはり忘れられてしまうのです。

我々は、最初に成し遂げた人が全部を取る世界で戦っているのです。

このインタビューにもあるように、1位になるかどうかは時の運もある。また、「京」が実際にそうだったように1位であり続けるのは不可能であり、早晩その性能を超えるスパコンは登場する。では、2位以下に落ちた瞬間にそのスパコンの価値は下がるのかといえばそんなことはない。「京」が実際に使われて世の中の役に立ったのは2位以下になってからだ。

一方で、TSUBAMEのように1位にならずともスパコン業界に影響を与えたものもある。

１位を目指して開発することの価値はあるが、それ自体を究極で絶対的な目的にすることはあまり意味がない。それよりもスパコンが実際に使われて、世の中の役に立つことの方が最終的には重要である。そういう意味ではＨＰＣＩによって共同利用に道を開いたことでも「京」には価値があったし、事業仕分けも無意味ではなかった。また、富岳もその反省の上に成り立っていると言える。

第3章

富岳、世界初「スパコン4冠」への軌跡

理化学研究所（理研）は２０１４年3月28日、「京」の１００倍の計算能力を持つエクサスケール（１エクサFLOPS級、エクサは10の18乗＝１００京）のスーパーコンピューターの開発を始めると発表した。

文部科学省が推進する「エクサスケール・スーパーコンピュータ開発プロジェクト」に基づくもので、東京大学の石川裕教授がプロジェクトリーダーになった。ハードウエアは「京」が設置されている神戸市の計算科学研究機構内に置く計画で、２０２０年度からの運用を目指して２０１５年度半ばまでにハードウエアの基本設計を詰めることになった。

「京」のときとは異なり、開発目標の中に世界一という言葉はなくなった。性能の目標もスパコンの性能指標として使われるベンチマークテストではなく、アプリケーションの実効性能で「京」の１００倍を目指すという、より実用性を意識したものになった。ハードウエアとアプリケーションソフトを一体的に開発するという方針も決まった。アプリケーションソフトの開発を並行して進めることで、より利用者にとって使いやすい環境を提供することを前面に打ち出した。事業仕分けにおける「2位じゃだめなんでしょうか」の影響はここにも表れている。また、消費電力を30メガ～40メガワットにするという目標も加わった。「京」の消費電力は12・7メガワットであり、その3倍程度に抑えるということだ。電力効率は「京」の30倍程度に達する。

スパコンの順位を年2回発表するTOP500ではLINPACKというベンチマークテストの結果を元に順位を決める。LINPACKは連立方程式を解くという比較的単純なプログラムだ。メモリーアクセスの性能はあまり影響せず、プロセッサの演算スピードがモノを言いやすい。

「京」は、目標こそ世界で初めてLINPACKで10ペタFLOPSの性能を出すことだったが、LINPACKに特化した設計ではなかった。メモリーアクセスを重視し、2014年から始まった大規模データを扱うHPCGのベンチマークテストでも毎回上位にランクインしていた。新スパコンも設計思想としては「京」に近いが、設計思想だけでなく目標もそれに合わせた形になった。

文科省は、複数の設計について実現可能性を検証するフィージビリティスタディを、富士通、NEC、日立製作所、大学機関などに委託し、理研がそれらを検討した結果、2014年10月に基本設計を共同で行う事業者として富士通が選ばれた。

プロセッサはSPARCからARMへ

富士通には悩みがあった。「京」で採用したSPARCベースのスパコン商用機の販売が思わしくなかったのだ。２０１１年11月に発売した「ＰＲＩＭＥＨＰＣ ＦＸ10」など、「京」の技術を使った商用機を3年間で50システム販売する計画だったが、それまでの受注は十数システムにとどまっていた。富士通は「京」の設計・製造で国から６５０億円の補助金を受けたが、自社でも４００億円を出費している。スパコン販売で利益を出さないとビジネスとしては行き詰まってしまう。

ＳＰＡＲＣベースのスパコンがあまり売れなかったのはソフトウエアの開発者が少なかったのが大きな理由だ。ＳＰＡＲＣのオペレーティング・システム（ＯＳ）としてはＳＰＡＲＣを作ったサン・マイクロシステムズ（現オラクル）のＳｏｌａｒｉｓ（ソラリス）が広く使われていた。しかし、Ｓｏｌａｒｉｓはビジネス向けのＯＳで科学技術計算には不要な機能も多い。そこで、富士通はより軽く動作するＬｉｎｕｘ（リナックス）を「京」に移植して使ったが、ＳＰＡＲＣ上でＬｉｎｕｘを使うシステムがほかになかったことから、仲間づくりができなかったのだ。一方で、「京」に移植されたＳＰＡＲＣ版のＬｉｎｕｘは、Ｌｉｎｕｘのすべての機能を揃えているわけではなかった。他のプロセッサ用のＬｉｎｕｘに作られたソフトを移植するのも、困難が伴った。

「京」の一般利用枠は学術分野で多く使われた一方、産業界ではそれほど使われていなかった。スパコン利用推進を目指す一般社団法人「ＨＰＣＩ（High Performance

Computing Infrastructure）コンソーシアム」の報告書によれば、京の一般利用枠の研究課題で利用されたアプリケーション44種類のうち商用アプリケーションは7種類と約2割にすぎず、「数は多くなかった」（同報告書）。

また、ＳＰＡＲＣの市場全体が縮小傾向にあった。富士通のＳＰＡＲＣサーバー出荷実績は２００７年度の８８０億円がピークで、２０１３年度はオラクル向けを含めて１００億円を割っていた。

スパコンの担当部署である「サービスプラットフォーム部門」にとってもう一つの選択肢は、ＴＯＰ５００のスパコンのほとんどが採用しているインテル系プロセッサに切り替えるというものだった。米国の代表的なスパコンメーカーであるクレイ（現ＨＰＥ）は「京」相当の性能を持つスパコンＣａｓｃａｄｅの商用機を１００セット以上受注していた。Ｃａｓｃａｄｅはインテル系プロセッサをそのまま採用していたのだ。

しかし２０１４年３月、富士通本社組織の「次世代テクニカルコンピューティング開発本部」で、ポスト「京」のプロセッサとして、ＳＰＡＲＣでもインテルでもなく、英ＡＲＭ（アーム、現在の表記はＡｒｍ）のプロセッサを採用することを決めてしまった。

サービスプラットフォーム部門はこの決定に納得せず、特にインテル派は富士通のスパコン命令セットをインテル製チップに埋め込んだプロセッサを共同開発するという条件をインテル米国本社から引き出した。これで条件的にはＡＲＭと同等になる。だが、山本正巳社長が２０１４年秋に「次期スパコンはＡＲＭ」を最終決断。ポスト「京」の開発はようやく一枚岩にまとまった。

ＡＲＭは消費電力が低いという特徴を持つプロセッサのアーキテクチャだ。ＡＲＭが各社にライセンスをし、ライセンスを受けた会社がチップを製造している。携帯電話機や携帯ゲーム機などで広く使われ、スマートフォンはほとんどがＡＲＭをベースにしたプロセッサを搭載していると言っていい。多くのアンドロイド・スマートフォンが搭載している米クアルコムのスナップドラゴンや、米アップルがｉＰｈｏｎｅなどに使っているＡ14もそうだ。アップルが２０２０年11月発売のＭａｃに搭載を始めたＭ１もＡＲＭベースだ。なお、ＡＲＭからのライセンスは半導体回路を含めて受ける場合と、命令セットだけを受ける場合があり、富士通やクアルコム、アップルは命令セットだけライセンスを受けて、自社でチップを設計している。

ＡＲＭにはベクトル演算など高性能コンピューティング用の機能はなかったため、スパコンで使うには新たな命令セットを追加する必要があった。ＡＲＭ自身、サーバー市場に進出し、次は高性能コンピューティングを新たな市場として考えていたため、富士通と協力関係を築くことは渡りに船だった。スパコン用のプロセッサを開発できるメーカーは世界に数社しかなく、ARMにとっては欠けているピースだったからだ。

両社でスパコン用の命令セットを定め、ARMが2016年8月に発表した。このスパコン用の拡張命令セットは、他のARMのライセンスを受ける企業も利用できる。SPARCの場合は富士通が独自に命令セットを拡張したが、ARMはメーカー間で互換性の問題が生じないよう、独自の拡張を許していないためだ。

ポスト「京」のプロセッサはこのARMベースのCPUだけでGPUなどは搭載しない。これもプログラミングのしやすさを重視したためだ。

プロセッサの中身は「京」を継承

命令セットをARMに変えるというのは大きな変更ではあるが、プロセッサの設計としては「京」を踏襲している。

どういうことかというと、プロセッサはメモリーから命令を読み取り、それを解釈して実行し、結果を返すという仕事をするが、命令セットは命令を解釈するところのルールを決めているのであって、命令セットが変わっても演算の実行それ自体はそれほど変わらないのだ。例えて言うならば、数学の問題文が日本語で書かれているか英語で書かれているかで問題文の書き方は違うが計算の仕方は変わらないようなものだ。演算を実行するところの設計を「マイクロアーキテクチャー」といい、富士通は「命令セットとマイクロアーキテクチャーは、それほど深くリンクしていない。特性が似た命令セットであれば、命令を解釈するデコーダ回路以外の構成はほとんど変わらない」と語っている。

特にＡＲＭとＳＰＡＲＣはどちらもＲＩＳＣであり相性はいい。実はプロセッサ内部のデータの保持場所であるレジスターの数は「京」のＳＰＡＲＣ64 Ⅷｆｘの２５６に対してＡＲＭは32とかなり少ないが「少ない方に対応するのはそれほど大変ではない」と富士通システムプラットフォームビジネス部門プラットフォーム開発本部の清水俊幸プリンシパルエンジニアは語る。

富士通はスパコン以外にメインフレームやＵＮＩＸ用にもプロセッサを開発しており、マイクロアーキテクチャーはかなりの部分共通になっている。例えば、命令の実行に失敗したときに再実行する機能などはメインフレームから「京」のプロセッサ、そして新たなＡＲＭベースのプロセッサへと引き継がれている。

いきなり2年の遅れ!?

半導体業界では性能向上のペースを予測する「ムーアの法則」が１９６０年代から使われてきた。ムーアの法則にも多少バリエーションがあるが、基本的には「半導体の上に乗るトランジスタの数は18～24カ月ごとに倍になり、それに比例して性能も向上する」というものだ。しかし、その誕生から50年が過ぎ、さすがにこの法則通りには向上しなくなってきた。

ポスト「京」のプロセッサ開発もそのあおりを受けた。当初は16ナノメートルの半導体プロセスで作る予定だったが、性能が出ないことが分かってきたのだ。

文科省は２０１６年夏、有識者を交えたＨＰＣＩ計画推進委員会に対して、ポスト「京」のメモリーやプロセッサに用いる半導体技術の再検証を求めた。その結果、次世代の7ナノメートルの半導体プロセスを採用することとし、それに伴い「試作・詳細設計フェーズ」を当初の２０１７年度終了から12～24カ月延長することになった。製造や設置もそのまま1～2年ずれこみ２０２１年あるいは２０２２年からの運用と決まった。

大きな停滞ではあったが、その間にもマイクロアーキテクチャーの設計は進んでいたし、新たな機能を追加することもできた。遅れは1年で済み、実質的にはほとんど問題はなかった。

２０１８年４月、東京工業大学でＴＳＵＢＡＭＥシリーズのスパコンなどを開発してきた松岡聡教授が理研の計算科学研究センターのセンター長に就任した。東工大にも籍を置いたまま、８割を理研のセンター長として働き、ポスト「京」の開発を石川裕プロジェクトリーダーと共に推進することになった。

新プロセッサ「A64FX」誕生

富士通は２０１８年８月に新しいプロセッサ「Ａ64ＦＸ」の概要を明らかにした。ＬＩＮＰＡＣＫにおける理論上のピーク性能は２・７テラＦＬＯＰＳ以上。既存の「京」に採用した「ＳＰＡＲＣ64 Ⅷｆｘ」は１２８ギガＦＬＯＰＳであり、Ａ64ＦＸは約20倍のピーク性能を持つ計算だ。２０１４年に発表した富士通製の市販スパコン「ＰＲＩＭＥＨＰＣ ＦＸ１００」に搭載したＣＰＵ「ＳＰＡＲＣ64 Ⅺｆｘ」と比べても約２・５倍に当たる。

富士通で長年にわたりプロセッサ開発を率いてきたＡＩ基盤事業本部の丸山拓巳シニアディレクターは「一部のベンチマークだけを優先したプロセッサではない。あらゆるアプリケーションを高速に処理できるプロセッサを目指した」と、その設計思想を語った。

完成したA64FXは、ARMアーキテクチャのコアを計算用に48個、補助用に4個備える大規模なプロセッサだ。コアの数は「京」のプロセッサ当たり8個から大幅に増えている。

補助用のコアは、計算用のコアと用途を分けて使うためのものだ。Linuxのデーモン

ポスト「京」のプロセッサ「A64FX」（提供：富士通）

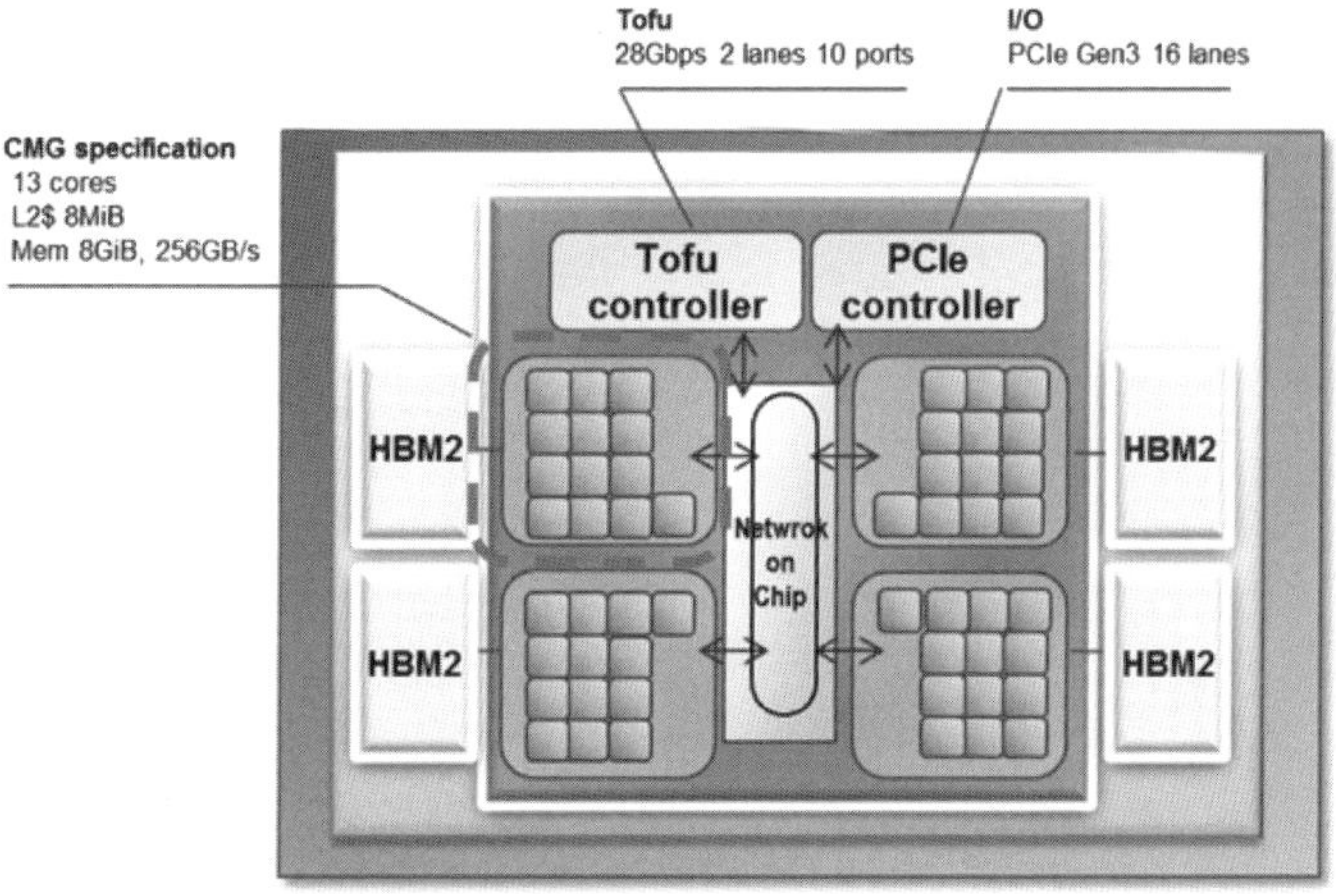

A64FXのブロック図（提供：富士通）

と呼ばれるバックグラウンドで動くプログラムで使ったり、プロセッサ間でデータを交換して次の計算処理に進むためのメッセージ転送に使ったりしている。こうすることで計算用のコアは計算に専念できるようになる。

スパコンで行う並列演算では、同じ計算を数多くのコアで並列に行い、それが全部終わったところで次の計算に移る。計算中のコアにＯＳの処理などが割り込むと、そのコアだけ計算が終わるのが遅れ、他のコアを待たせてしまうことになる。こういった処理時間のブレをＯＳジッターやシステム・ジッターというが、補助用のコアにＯＳの処理を任せることで、それがなくなり、結果的に全体の計算効率が上がる。富士通が「京」の流れをくむ商用のスパコン「ＦＸ１００」で初めて採用した機能だ。プロセッサに内蔵するコアが増えたことでこういった分担が可能になった。

それぞれのコアは、５１２ビット幅のＳＩＭＤ（シングル・インストラクション・マルチプル・データ、１命令で複数のデータの計算を同時に行うこと）演算の機構を持つ。ＳＩＭＤは「京」の１２８ビットから4倍に広がった。「浮動小数点演算の性能を最も効率的に上げられるのがＳＩＭＤ幅の向上」（清水氏）だといい、性能向上に大きく寄与した部分である。

「京」からの10年間でスパコンの用途として急速にクローズアップされるようになった

のが人工知能だ。深層学習と呼ばれる機械学習では、脳にものを覚えさせるように大量のデータを計算して学習していく。例えば、囲碁のトップ棋士に勝ったグーグルのアルファGOという人工知能では3000万におよぶ碁の「手」を学習したとされている。

ただ、従来のスパコンの主な用途だったシミュレーションとは異なり、人工知能の機械学習ではそれほど精密な計算は必要ない。倍精度と呼ばれる64ビットのデータではなく、16ビットの半精度でも十分役に立つ。10進数に換算したときの有効桁数は倍精度だと16桁程度あるが、単精度では7桁、半精度では3桁程度しかない。半精度では表現できる数も最大65504と小さい。しかし、それでも精度よりも計算の回数の方が重要であり、場合によっては8ビットの整数演算でもいい。実際にはこれらを混合した形で計算することもある。そこで、A64FXには半精度の計算機能を付け加えた。これが入れられたのは設計期間を延長したためであり、怪我の功名のようなものだ。なお、同様に整数演算もこれまでより効率よく行うようになっている。

計算用のコア12個と補助用のコア1個の計13個を1つのグループにまとめ、コアグループごとに8ギガバイトのHBM（ハイ・バンドウィドゥス・メモリー）2形式のメモリーを接続する構成にした。メモリーもプロセッサと同一のパッケージに内蔵している。こういった作りのプロセッサは初めてと言っていい（清水氏）。このグループが1チップ内に

4組ある。マザーボード上にはメモリーはなく、この内蔵メモリーがメインメモリーとなる。

同一パッケージにプロセッサとメモリーを搭載したためメモリーとプロセッサの間の転送速度は大きく上がった。メモリーとの転送速度（バンド幅）を演算速度（FLOPS）で割ったものを「B／F比」と言うが、「京」とA64FXでその値はほぼ同じである。バンド幅を上げるのは計算を速くするよりも大変であり、これを維持できたのは極めてバンド幅が広いことを意味する。

プロセッサ間でデータを転送するには、「京」のTofuインターコネクトの発展版であるTofuインターコネクトDを使う。実はこの機能は、CPUチップに内蔵するようになった。

前述のように、ポスト「京」の開発はアプリケーションとシステムを並行して進めた。気象予測や分子動力学計算などの科学技術計算や、人工知能など、さまざまな計算で高速になるようにプロセッサ内部を設計した。アプリケーションで思ったような性能が出ないときにはハードウエアの設計やコンパイラの最適化方法などを見直すことで解決していった。例えば、「きり」のわるいアドレスからデータを読み出すときの性能を向上させるなど、プロセッサへのフィードバックの効果も少なからずあった。

省電力も設計の要の一つとなった。これは「京」のときとの大きな違いである。例えばプロセッサの中で、動いていない回路を止めるといったことを徹底的に行っている。動作電圧や動作周波数は、性能とのトレードオフになるが、A64FXでは電圧も周波数も抑えている。動作周波数は1・8ギガ～2・2ギガヘルツと、「京」の2・0ギガヘルツと同程度に保った。

チップ上のトランジスタの数は87億8600万個に上る。7ナノメートル世代の微細加工技術でTSMCが製造する。

汎用性の高いARMアーキテクチャを採用したことにより、A64FXはスパコン以外にも使うことが期待されている。理化学研究所の松岡聡計算科学研究センター長は「日本の半導体の復活につながることを強く期待している」と話す。同じプロセッサがクラウドに大量に置かれたり、派生品が自動車などの「エッジ」側の機器に入ったりする未来を松岡センター長は描く。A64FXは部品を組み替えやすい「モジュラー指向」で設計されているため、集積するコア数の増減や外部インタフェースの変更に対応しやすい。

今後は自動運転車のように「多数のカメラやセンサーのデータからリアルタイムで周囲の状況を認識し、判断する機械」が増えていく。そうした機械には高い処理性能が求められる一方で、データセンター以上に消費電力や排熱の制約が厳しくなる。

「ムーアの法則」の継続が難しくなるなか、新しい設計によって大幅に性能を高めた意義は大きい。A64FXの設計思想はエッジコンピューティング分野に大きな進歩をもたらす可能性を秘めている。

マザーボード小型化でラックは半分に

ポスト「京」のスパコンは「京」と同様、汎用のプロセッサ（CPU）を多数並べる構成になった。

メモリーもインターコネクトも同一パッケージに内蔵したため、マザーボードは非常にシンプルな構成になった。「京」では1つのマザーボードに4個のプロセッサ、富岳では2個のプロセッサという違いはあるが、マザーボードのサイズはほぼ4分の1になった。プロセッサ内にほぼすべての機能が入っているため、水冷による冷却もシンプルになった。一つのラックにはマザーボードが192枚入る。「京」の24枚に対して8倍の枚数だ。その代わりラックの台数は約半分の432台となる。

「京」と異なるのはラック間のデータ通信に光コネクトを採用した点だ。伝送速度を上げるため、距離の長いラック間の通信は従来の電気では難しくなったのだ。ラック内では

富岳のマザーボード（上）と「京」のマザーボード（下）。インターコネクトとメモリーがCPUと同じパッケージに封入されたため「京」と比べてシンプルな構成になった。サイズも縦横とも約半分になっている（提供：富士通）

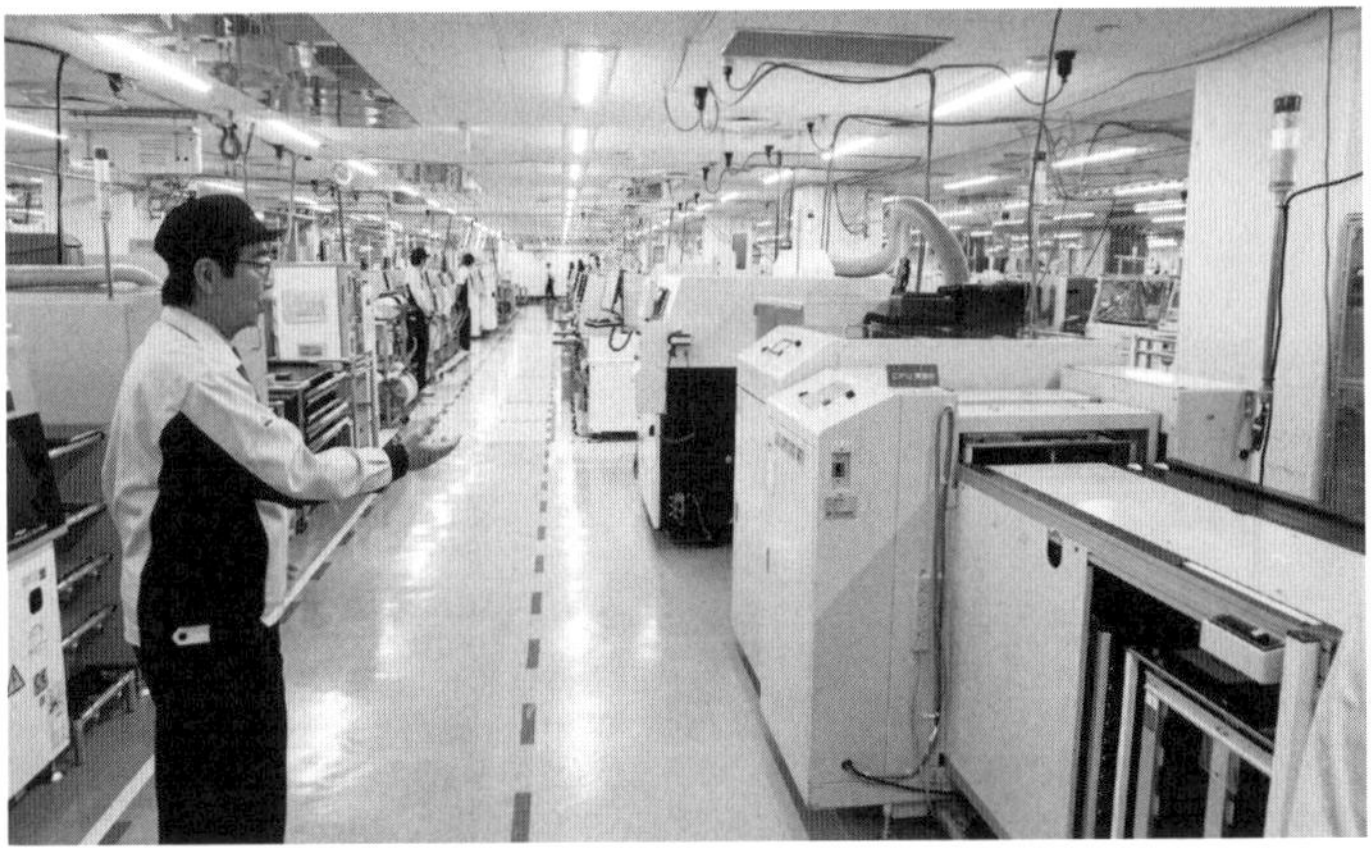

富岳を製造するラインの一部。富岳は富士通ITプロダクツ（石川県かほく市）で製造した

「富岳」のコンピューターラック。ラック1台あたり192枚のマザーボードを搭載する。マザーボード1枚につき2個のCPUを搭載するので、ラック1台当たりのCPUは384個

コストや省電力の観点から電気通信を従来通り使っている。

2019年4月15日、ついに富士通はポスト「京」の製造を始めた。「京」と同じ石川県にある富士通ITプロダクツの工場を使う。

製造に向けて同社は、約2年をかけて試作機の生産や生産ラインの構築といった量産準備を進めてきたという。例えば、富士通の生産準備ツール「VPS」（バーチャル・プロダクト・シミュレーター）を使った組み立てやすさの事前検証や、画像処理による検査工程の導入などだ。

加えて、部品サプライヤーとの物流には、一部にミルクラン方式を取り入

富岳のマザーボードに電子部品を配置する様子。小型部品を載せた後に大型部品を配置していた。この後、マザーボードはリフロー炉に流れていく

れた。ミルクラン方式とは、メーカーがサプライヤーを巡回して必要な部品を集荷する手法。「サプライヤーがメーカーに部品を運び入れる方法と比べて、物流の平準化や保管場所の圧縮を図れるメリットがある」（富士通ＩＴプロダクツの加藤真一社長）。

新スパコンの名称は「富岳」に

理化学研究所は２０１９年5月23日、「京」の後継となるスーパーコンピューターの名称を「富岳《ふがく》」に決定したと発表した。英語名は「Ｓｕｐｅｒｃｏｍｐｕｔｅｒ〝Ｆｕｇａｋｕ〟」となる。理研の松本紘

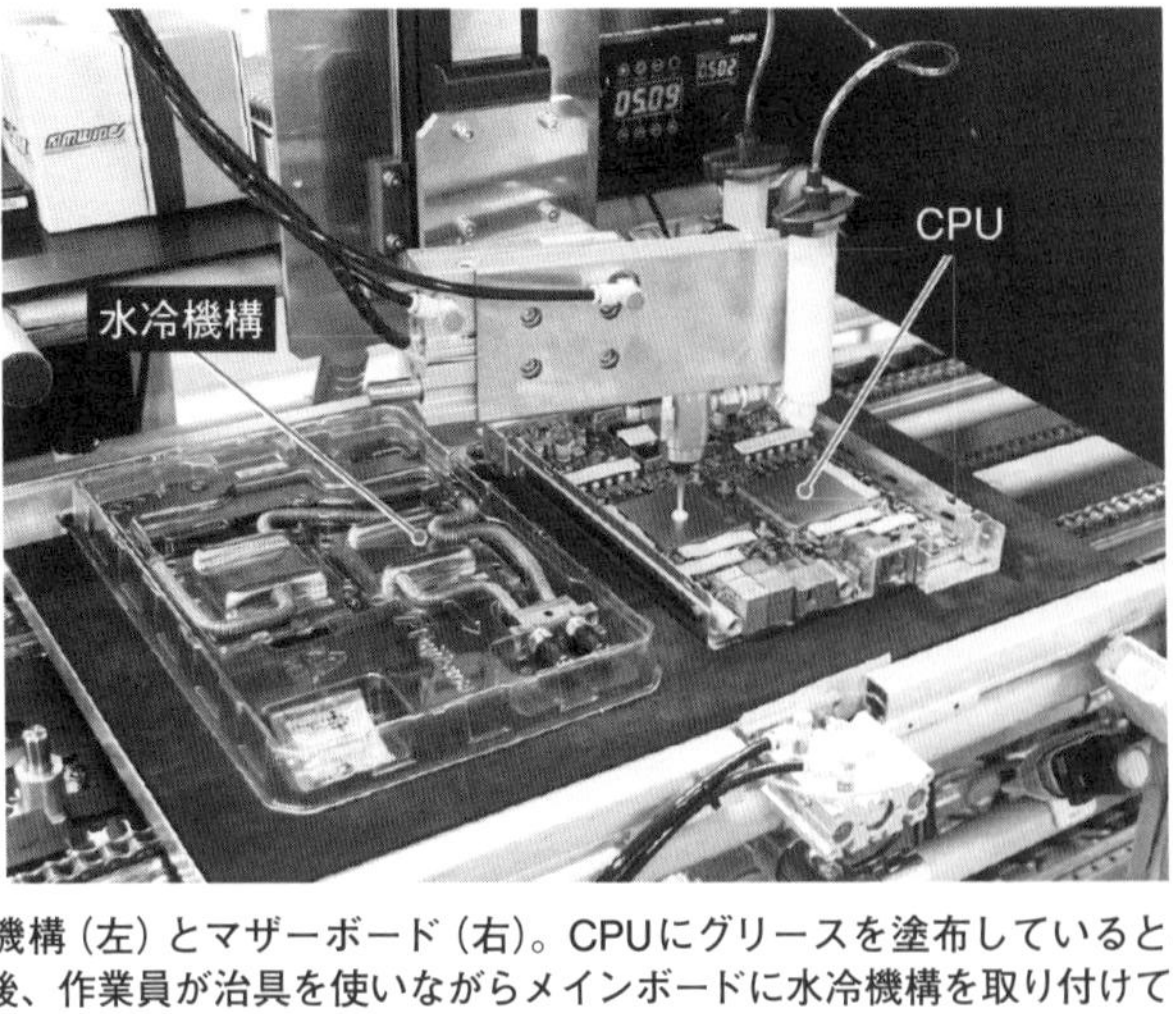

水冷機構（左）とマザーボード（右）。CPUにグリースを塗布しているところ。この後、作業員が治具を使いながらメインボードに水冷機構を取り付けていた

理事長は「創薬、防災、産業競争力、先端科学、さまざまなシミュレーションに新スパコンが活躍するだろう」と語った。

富岳は富士山の異名。スパコンの性能の「高さ」やアプリケーション分野・ユーザー層などすそ野の「広がり」を表現できる点に加え、富士山の国際的な知名度の高さ、スイスの「Ｐｉｚ Ｄａｉｎｔ」や米国の「Ｓｉｅｒｒａ」など海外のスパコンで山の名前を使う例が多い点などが選定の理由という。

ちなみに富岳のアプリケーション性能は「京」の１００倍。葛飾北斎の「富嶽百景」をもじって「富岳百『京』」と見ることもできる。なお、ＨＰＣＩの広報誌の名前はそれまでの「京算百景」から「富岳百景」に変わっている。

理研は２０１９年２月から４月にかけてポ

「令和スタイル」で新名称を発表した理化学研究所の松本紘理事長

スト京の名称を公募していた。「京」当時の2・5倍、５１２２件以上の応募があったという。重複分を除いた２４８７件からポスト「京」ネーミング委員会が候補を選定し、理研理事会議で決定した。他の選定候補は「穹《きゅう》」「叡《えい》」「Ｙｕ《ゆ》ｋａ《か》ｗａ《わ》」「凌駕《りょうが》」「光明《こうみょう》」「解《かい》」。

２０１９年8月30日、跡地に富岳を設置するため、「京」の電源は落とされ、同年12月には富岳の設置が始まった。１カ月に70台のペースで４３２台のラックを20年5月までに設置していく計画だ。

「京」のときには納入の途中で東日本大震災が発生し、部品の供給などが一時滞った。そして富岳では新型コロナウイルスが……。ロックダウンによって他国から部品や材料が届かないといった問題が起こったのだ。

富岳は非常に巨大なシステムであり、部品や材料は全部集めてから製造に取り掛かるのではなく、製造しながら必要なものを追加していくような流れ作業になる。不可欠な部品が届かなければそこで製造も止まってしまう。

富士通は代替品の国内製造などを含め、様々な検討を行いサプライチェーンを見直した。部品を供給するメーカーとの作業分担を見直して納期の遅れをリカバーしたり、製造・組み立て順序を変えて、遅れた部品を後から装着したりなど、様々な手段を用いて欠品の影響を最小限にとどめた。こうして5月13日にはすべてのラックを神戸のセンターに搬入し終えたのだ。

搬入だけでなく設置作業もコロナ感染対策のため容易ではなかった。現地作業は最低限に、３密を避けるため徒歩で通勤する人もいた。作業班は２つ以上に分け、動線も分離するなど、バックアップやいざという場合に備えた対策を行った。

世界４冠への道

スパコンの性能ランキングが出るのは６月と11月の年２回。６月はドイツのフランクフルトで開かれるＩＳＣ（インターナショナル・スーパーコンピューティング・カンファレンス）において、11月は米国で開催されるＳＣ（スーパーコンピューティング・カンファレンス）において発表される。６月のランキングに入れるには５月中にテストを実行し、結果を投稿しないといけない。

しかも富岳はオールラウンダーとしての実力を発揮すべく、スパコンの主要ベンチマーク４種類のすべてに登録を予定していた。ＴＯＰ５００のほか、大規模データへのアクセス性能を計るＧｒａｐｈ５００、メモリーと演算の両方を計るＨＰＣＧ、そして人工知能で使われる、複数の精度を混合した演算を計るＨＰＬ-ＡＩだ。なお、消費電力当たりの性能を競うGreen500は、TOP500の性能を消費電力で割って順位を付ける。したがって、性能テストとしてはTOP500と共通になる。

2020年5月13日に富岳の搬入は完了したが、設置やテストはまだ済んでいなかった。しかし、完成まで待っていては間に合わない。6割程度つながったところでGraph500、8割でHPL-AI、次いでHPCGと順次テストを行っていった。コロナ禍によってテストもリモートで行わなければいけなかったが、理研と富士通のベンチマークプログラム最適化チーム、富士通のシステム・エンジニアなどの部隊、理研の施設のオペレーション・チームと3つのチームがリモートで連携して乗り切った。5月末にTOP500のためのLINPACKを計測したときには396ラック、95・6%のプロセッサがつながるところまで達した。

そして運命の6月。新型コロナウイルスのためにオンライン開催になったが、そこでついに「京」以来のTOP500首位を勝ち取ったのだった。2位の米オークリッジ国立研究所のSummitに2・8倍の大差を付けた。

TOP500だけでなく、投稿したベンチマーク4種類すべてでトップになった。このうちHPL-AIは2019年11月に公表された新しいベンチマークで、今回が初めてのランキング発表となった。富岳は前回2冠だったSummitの記録をすべて塗り替え、

	TOP500	Graph500	HPCG	HPL-AI
2011年6月	京	Intrepid		
2011年11月	京	NNSA/SC		
2012年6月	Sequoia	Mira		
2012年11月	Titan	Sequoia		
2013年6月	天河2号	Sequoia		
2013年11月	天河2号	Mira		
2014年6月	天河2号	京		
2014年11月	天河2号	Sequoia		
2015年6月	天河2号	京		
2015年11月	天河2号	京		
2016年6月	神威太湖之光	京		
2016年11月	神威太湖之光	京		
2017年6月	神威太湖之光	京		
2017年11月	神威太湖之光	京	京	
2018年6月	Summit	京	Summit	
2018年11月	Summit	京	Summit	
2019年6月	Summit	京	Summit	
2019年11月	Summit	神威太湖之光	Summit	
2020年6月	富岳	富岳	富岳	富岳
2020年11月	富岳	富岳	富岳	富岳

4ベンチマークの1位の推移。網掛けは国内のスパコン

Ｓｕｍｍｉｔが取れなかったＧｒａｐｈ５００、新たなＨＰＬ-ＡＩでも1位になって4冠となったのだ。

いずれも2位に対して大差を付けた。ＴＯＰ５００では２・８倍、ＨＰＣＧでは４・6倍、ＨＰＬ-ＡＩでは２・6倍、Ｇｒａｐｈ５００では３・０倍といずれも倍以上の圧勝だ。しかも、まだ富岳はこのテスト時には調整段階でフル性能を出していたわけではないのだ。

電力性能比を競うＧｒｅｅｎ５００においては２０１9年11月に富岳のプロトタイプが1位に入ったが、２０２０年6月のランキングで、富岳は9位にとどまった（上記プロトタイプは4位）。ただ、Ｇｒｅｅｎ５００上位のほかのシステムはほとんどがＧＰＵを搭載するものであり、汎用プロセッサだけのスパコンの次点は39位に入った中国の神威太湖之光（ＴＯＰ５００では4位）。電力当たりの性能は富岳が倍以上であり、汎用プロセッサのスパコンでは圧倒的に省エネだと言える。ちなみにプロトタイプのマシンはプロセッサが７６８個。富岳のラック２つ分に相当する。これだけでＴＯＰ５００では１５９位に入る性能を持っている。

２０２０年11月も富岳は４冠を保った。今回は富岳の性能をフルに使ってベンチマークテストを計測している。その結果、２位との性能差はＴＯＰ５００では３・０倍、

ＨＰＣＧでは5・5倍、ＨＰＬ-ＡＩでは3・6倍、Ｇｒａｐｈ５００では4・3倍とさらに大きくなった。

性能面では富岳は目標を達成したと言っていい。ＬＩＮＰＡＣＫの性能は「京」の40倍ほどで、１００倍には達していないが、目指すのはアプリケーション・レベルの性能だ。富岳はハードウエアの開発と並行してソフトウエアの開発も行ったが、その際に重点課題として9つのテーマが設けられた。そのうちの「いくつかの課題については既に現状の１００倍以上のアプリケーション実効性能を発揮している。重点課題全体の平均でも数十倍」と松岡センター長は言う。例えば、分子動力学計算で使う「ＧＥＮＥＳＩＳ」は京と比べて１２５倍以上の性能があるという。

ずらっと並んだ富岳のラック（提供:理化学研究所）

後はその応用や商業的な成功だ。

応用面では1章で紹介したように既にコロナ対策の研究が進められており、ゴードン・ベル賞のファイナリストにも2つの研究が取り上げられた。

商業面では富士通はA64FXを搭載した商用スパコン「PRIMEHPC FX1000」「PRIMEHPC FX700」を発売しており、名古屋大学やJAXA、ドイツのレーゲンスブルク大学、フランスのスパコン研究機関GENCI、米サンディア国立研究所などに販売している。また、スペインのバルセロナ・スーパーコンピューティング・センターは富士通と共同研究開発を行っている。

また、現在は米HPE傘下に入ったクレイが2019年11月にA64FXを採用することで富士通と提携しており、「HPE Apollo 80 System」として販売されている。ドイツのライプニッツスーパーコンピューターセンター、英ブリストル大学、米ストーニー・ブルック大学、米ロスアラモス国立研究所、米ジョージア工科大学での採用が報じられている。

少なくとも立ち上がりは上々と言えそうだ。

開発者インタビュー

国家プロジェクトだから実現できた

――理研・松岡聡センター長

松岡 聡（まつおか・さとし）氏

東京大学理学系研究科情報科学を専攻し、1993年に博士（理学）。2001年より東京工業大学・学術国際情報センター教授。2017年産総研・東工大RWBC-OILラボ長。2018年より現職。東京工業大学・情報理工学院特任教授を兼任。スーパーコンピューター「TSUBAME」シリーズの研究開発などに携わる。（写真：菅野 勝男）

「スパコンは使われてなんぼ」。理化学研究所計算科学研究センターの松岡聡センター長は、かねてこう公言してきた。スーパーコンピューター「富岳」の開発でも信念を貫いた。性能ランキングの世界4冠を達成した決め手は何だったのか、最先端技術を開発する国家プロジェクトのあるべき姿とは。開発をけん引した松岡氏に直撃した。

（聞き手は浅川直輝＝日経コンピュータ編集長、インタビューは2020年6月の最初の4冠達成の後に行われた）

――改めて「富岳」の世界4冠獲得、おめでとうございます。開発プロジェクトにおいて最も重視したことは何でしょう。

アプリケーションファーストの設計思想を貫くことです。企業や研究機関が実際に使う様々な科学技術計算用アプリケーションを、最高の性能で動かす。これを一番の目標に掲げて徹底しました。

我々は富岳の開発過程で、社会的・科学的に意義が大きく重点的に取り組むべき「重点課題」を9つ設けました。いくつかの課題については既に現状の100倍以上のアプリケーション実効性能を発揮しています。重点課題全体の平均でも数十倍ですね。

何か1つの分野ではなく様々な分野のアプリケーションを最高の性能で動かすために、

我々が知る限り最善のマシンを作りました。結果としての世界4冠だと考えています。開発に当たり、特定のベンチマークで1位を目指すつもりは全くありませんでした。およそ10年の開発期間を通じて、設計についてベンチマーク性能とのトレードオフを迫られた際にベンチマーク性能を選んで設計を変更したことは、今まで一度もありません。

演算パターンの多くをカバー

――富岳が1位をとった4つの指標のうち、TOP500（LINPACK演算性能）以外の「HPCG」「Graph500」「HPL-AI」の意義を教えてください。

HPCGは自動車や飛行機の空力設計、構造計算といった産業用アプリケーションの性能を測る代表的な指標です。

Graph500は文字通り大規模なグラフ、すなわち多数の頂点と枝から成るデータ構造を解析する性能を評価する指標です。実社会の複雑な現象を表現する際に、グラフをよく使います。ソーシャルネットワークや各種のビッグデータなどです。

最後のHPL-AIはCNN（たたみ込みニューラルネットワーク）をはじめとする深

層学習（ディープラーニング）の性能評価の指標です。２０１９年にできたばかりのベンチマークですが、今後は従来の伝統的な数値計算をある程度置き換えるものになるでしょう。

これらとＴＯＰ５００を加えた４つのベンチマークで世の中の演算のパターンをかなりカバーできています。これらのベンチマークに関する富岳の演算性能が評価されたのは、私たちが掲げた開発方針に照らして大きな意義があると考えています。


――汎用性を高めるため、京の「ＳＰＡＲＣ」に代えて「Ａｒｍ」を採用しました。決断には曲折があったのでは。


Ａｒｍの採用を決定するまでにはすごい戦いがありました。理研側は絶対Ａｒｍにしようと言っていました。

京の失敗の１つは売れなかったことです。エコシステム（普及促進に向けた生態系）を作れず、ソフトウエアが出てこなかった。

最終的にＡｒｍに決めてよかったと思っています。富士通にとっても、ＣＰＵの重要な部分を外部から吸収できたのはベネフィットがあったのではないでしょうか。

――Ａｒｍのエコシステムにはどう貢献すると考えますか。

社会的インパクトが大きいと思います。今やスマートフォンのＣＰＵとして誰でもＡｒｍを使っているわけですから。スパコンというお化けみたいなＡｒｍ搭載機が登場したのは、Ａｒｍの特徴を分かりやすく示した例と言えるでしょう。

クラウドをはじめとする様々な分野のエコシステムにＡｒｍが採用される道が開けたと考えています。富岳に使ったバージョンか将来のバージョンが、クラウドのデータセンターで大規模に使われる可能性は十分にあるでしょう。動画配信は得意分野ですし、ＡＩ向けの用途も期待できます。

――富岳の開発プロジェクトにおいて最も苦労したことは何でしょう。

メンバーごとに違うと思いますが、私としては消費電力の目標を達成するのに最も苦労しました。むちゃくちゃアグレッシブな目標でしたから。

消費電力に関しては、１ワット当たり十数ギガフロップスの性能を達成しないとマシンを作れないと分かりました。これは当時としては常識外の（省エネの）数字でした。当時の世界トップクラスのGPUマシンと比べても3倍の開きがあった。これをCPUでやらなくてはならなくなったのです。

京は1ワット当たり1ギガフロップス以下でしたから、これは大変なことだと。当時の（GPUを採用した）TSUBAME2・5でも3ギガフロップスくらいでした。

半導体技術の見直しが奏功

――目標を達成するためにどんな工夫を？

ポイントは半導体の設計にあったと考えています。あれこれアセスメントした結果、このままでは目標に届かないという結論に達しました。そこで製造を委託した台湾の半導体大手TSMCからの詳細な設計データを基に議論を重ねました。

その結果、半導体のアーキテクチャーを見直しました。当初の富岳用チップは（京の派生スパコン）FX100に近い設計でしたが、現在は大きく変えています。

――半導体の設計レベルで見直したと。

その通りです。富士通の貢献が大きかった。

――省電力性能を競う「Green500」は4位でした。結果をどう評価しますか。

富岳の順位は4位でしたが、消費電力効率の値そのものはトップと2割ほどしか違わないんですよ。パワポ（Microsoft PowerPoint）まで動く汎用性を確保したうえで、たかだか2割しか違わないのはすごいことです。

Green500向けに富岳のハードやソフトをチューニングする時間がまったくありませんでした。だから今回のGreen500の結果は、本当の実力ではありません。

――富岳の世界4冠は日本のコンピューター産業の発展や人材の育成にどう貢献すると考えますか。

まず富士通が素晴らしいプロセッサーを作ったことをみなさんに分かっていただきたい。なぜ実現できたのかと言えば、国プロ（国家プロジェクト）として取り組んだからです。民間企業としてのビジネス目的だけだったら、絶対に無理だったでしょう。

民間では担保できないリスクマネーを国が投入して、オールジャパンでつくり上げたからできたんです。ある意味、ムーンショット（月面着陸のような革新的な取り組み）と言えるのではないでしょうか。

ＩＴ産業は民間が主導している印象があるかもしれませんが、民間だけで本当の最先端技術を開発するのはリスクが大きすぎます。ソフトウエアなどの既存資産がありますから。民間はむしろ、最先端技術の研究開発にコンサバティブになる面がある。一方である程度アグレッシブな技術や製品を開発しないと、世界では競争できません。

――国家プロジェクトが必ずしも成功するわけではありません。むしろ失敗とされる事例が多いのでは。

おっしゃる通りです。ＩＴ産業に国が口を出して失敗した例はたくさんあります。ただ、あまりに失敗の印象が強いため、国がそういうところに何か参加して、リスクマネーをばらまいても意味がないんじゃないかと捉える風潮があるような気がするんです。

もちろん投資すべき分野の見極めは必要です。国プロの評判が悪くなったのは見極める力や人材が不足していたのも一因でしょう。

富岳に関しては私は当事者ですが、やはりプロジェクトの過程や結果を客観的に分析すべきです。勘所の方程式をまとめ上げて、ＩＴや他の分野に適用していく必要があります。こうした取り組みを重ねれば、日本の産業は世界の中でより競争力を高められるのではないでしょうか。

ベンチマークでの1番にはこだわらない

――理研・石川裕プロジェクトリーダー

石川 裕（いしかわ・ゆたか）氏

理化学研究所 計算科学研究センター フラッグシップ2020プロジェクト プロジェクトリーダー（写真：菅野 勝男）

富岳は「世界一のスーパーコンピューター」として華々しくデビューした。開発プロジェクトを率いたのはソフトウエアの研究者である石川裕だ。京の100倍のアプリケーション実行性能を達成する上で貫いた理想があった。

先代の京の理論性能を100倍上回るエクサスケールマシン（1秒間に10の18乗回の浮動小数点演算が可能なスパコン）の開発を目指す「フラッグシップ2020プロジェクト」は2014年4月に始まった。プロジェクトを率いたのが理化学研究所の石川裕だ。

石川は並列分散システムソフトウエアやクラスターシステムの研究者で、東京大学情報基盤センターに在籍していた。「特殊なものであってはならない。研究室で使っているシステム環境の延長線上にあるべきだ」。日ごろからスパコンに対してそんな信念を持っていたという。

若手研究者らと京の次を議論

京の次を目指す取り組みの「源流」は京が完成する前の2010年に遡る。当時、東京大学情報基盤センター長の職にあった石川は、東大や京大、筑波大学などのスパコンの若手研究者に声をかけ、エクサスケールマシンの開発に向けたワークショップを開催した。

自ら参加者を募り、自身もシステムソフトウエアのアドバイザーとして議論を進めた。

「どのようなマシン像を描けばよいのか。その実現に向けてどんな研究開発をしていくべきか」。将来につながる場にしたいという思いから、自らも含めシニア世代はアドバイザーや座長に徹し、若手が中心になって議論を進められるようにした。

１回目のワークショップを開催した２０１０年の段階では国からの予算がついておらず、研究者たちは「手弁当で」議論に参加した。ワークショップは２０１１年にかけて計6回に及び、京の次のスパコンのあるべき姿を徐々に具体化していった。石川は議論の成果を「ＨＰＣＩ技術ロードマップ白書」にまとめ文部科学省に提出した。

２０１０年10月からは理研でシステムソフトウエア研究チームのチームリーダーも務め、京の性能向上を目指す研究に携わった。そして富岳のプロジェクトの準備室が立ち上がった２０１４年1月に、石川は室長に任命された。

同年4月、晴れて富岳のプロジェクトリーダーに就任した石川は、プロジェクトを率いるとともに、研究者の一員として富岳のシステムやソフトウエアなどの開発に携わった。

当初、石川は計算能力の大幅な向上と幅広いアプリケーションの利用を両立させる算段として、多数の演算コアを内蔵した「演算加速部」の導入を検討していた。だが予算の都合でかなわなかったという。

その結果、開発プロジェクトを通じて、演算加速部なしで性能を引き出すことに苦心することになった。ＡｒｍアーキテクチャーをC採用したＣＰＵなどで構成する「汎用部」の台数を単純に増やせば、演算加速部なしでも目指す計算能力には達する。しかしその分、製造コストがかさむし、消費電力の目標である30メガ〜40メガワットを超えてしまう。

目標とする計算能力を達成し、様々な分野で活用できるスパコンを演算加速部なしで開発するために、富士通の技術者などの関係者と検討や確認を重ねた。ＣＰＵの開発やアプリ側との協調設計によってアプリの実行性能を高める工夫を凝らした。

石川は並行して、富岳の仕様について分かりやすい資料を作成して文科省の有識者会議で何度も説明した。「理論性能でエクサスケールは達成できないものの、京の実行性能の１００倍を達成する」ことで最終的に了承を得た。

スピードより大事にしたもの

こうした努力が実を結び、富岳は２０２０年６月にスパコンＴＯＰ５００性能など４部門で世界１位を獲得した。それでも石川は、ベンチマークでの１番にこだわったわけではないと強調する。「富岳のアーキテクチャーとして８タイプほど検討した。その中にはエクサスケールを達成できるものもあった。だけどそれでは一部のアプリしか使えない」。

富岳の開発プロジェクトは２０２１年3月までを予定していたが、新型コロナの影響で運用が前倒しになったことで事実上予定より1年早く完了した。石川もプロジェクトリーダーとしての役目をほぼ終えた。10年前、手弁当のワークショップで議論を主導した若手研究者は、既に富岳の「次」に向けて活動を始めているという。石川のまいた種は着実に実りつつある。（敬称略）

世界一で性能を証明できて本当によかった

——富士通・清水俊幸プリンシパルエンジニア

清水 俊幸（しみず・としゆき）氏

富士通システムプラットフォームビジネス部門プラットフォーム開発本部プリンシパルエンジニア（提供：富士通）

――2014年の終わりに開発が発表された後、2016年に設計フェーズを延長するということがありましたが、このときどんなことが起こったのでしょうか。

基本設計の段階では16ナノのテクノロジーを使うということで進めていましたが、2016年くらいには16ナノのテクノロジーが当初予定されていたより性能が出ていないことが分かってきました。選択肢としてはそのまま実装していくこともあったのですが、やはり当初の計画通り性能が出ないとポスト「京」の性能が出し切れないことがわかり、7ナノのテクノロジーを使う方向に舵を切りました。

ただ、7ナノのテクノロジーはまだ開発中だったのでシステムの完成時期が遅れてしまう。そこで文科省や理研と相談して、スケジュールを1年延伸ということで見直しました。

遅れた代わりに、人工知能がこれから先重要になることもあり半精度の演算を取り込むことで価値を高めようという選択になりました。

論理設計などは進んでいたので、我々としては時間的猶予をもらって付加価値を高められたと考えています。

――マイナスはほとんどなかったと考えていいでしょうか。

時間がかかったということは、それだけ人手がかかっているということで開発費の増加につながっています。そのあたりも平準化していってなるべく計画通りに進むようにしました。

――Ａｒｍに変わっても中身は「京」からの延長と考えていいでしょうか。

Ａｒｍというと組み込み型のＣＰＵと伝わってしまいがちですが、実際にはハンドルが右についているか左についているかくらいの違いです。マイクロアーキテクチャには富士通の伝統的な強みが生かされていると思います。

――マイクロアーキテクチャにかかわるほどの違いはなかったということでしょうか。

どちらもＲＩＳＣのＣＰＵで基本的なものはほぼ一緒です。

我々はＳＰＡＲＣでＨＰＣのための拡張命令をサポートしています。そういう面で論理仕様として大きな違いは汎用レジスタの数があります。Ａｒｍは汎用レジスタの数があまり多くなくて32本。一方で我々が作っていたＳＰＡＲＣは汎用レジスタの数が２５６本ありました。そういう意味では大分違いがありましたが、コンパイラなどで違いを吸収しました。

――それだけレジスタの数が違えば中の設計も変わりそうですが。

そこは減らす方向なのでそれほど影響はなかったです。我々はコンパイラも作っているのでそのあたりは柔軟にできたと思います。

――ＳＩＭＤが１２８ビットから５１２ビットになった理由は。

プロセッサの性能、特に浮動小数点の性能を上げようとするとＳＩＭＤ幅を広げるのが一番効率がいいんです。Ａｒｍとはスケーラブル・ベクター・エクステンションという拡張命令を一緒に検討したためＳＩＭＤも効率的に使えるようになっています。よかった点の一つです。

――それ以外に「京」からの大きな違いは。

「京」のときは性能だけがフォーカスされていました。省電力にも作っていましたが、それがファースト・プライオリティではなかったです。一方で、富岳はアプリ性能が一番大事ですが、さらに省電力もがんばろうと、二つの具体的なターゲットを設定しました。

例えば省電力をあまり考えないと、キャッシュ・アクセスは全部のアクセスを同時に発行してヒットしたものを使うのが一番性能がいい。そういうところを工夫しました。また、実際に動いていない回路のクロックを止めることを富岳では徹底的にやっています。電圧を下げて周波数を欲張らないなど、取捨選択をしました。

――半精度の計算を入れたということでしたが、人工知能向けの機能はそれが一番大きいのでしょうか。

ディープラーニングで多用される精度の低い演算があるだろうということで、半精度を入れました。また、数値計算でもメモリーバンド幅へのインパクトを緩和できるので、混合精度演算が今後よく使われるようになるだろうと思っています。

——高い精度が要らない計算が増えたということですか。

要らないというわけではなく、精度を適切に選ぶことで性能を上げるという取り組みです。従来はアプリケーションでがんばらなくても、自然に性能が上がるという考えがありましたが、近年では工夫が必要だとなってきました。精度が低い演算はデータが少なくて済むので、メモリーバンド幅や記憶容量に効果があり、性能改善につながります。

——プロセッサのパッケージの中にメモリーも入りましたが、その効果は。

HBMはバンド幅が大きいので性能当たりのバンド幅（B／F比）が「京」からほぼキープできています。バンド幅がキープできているということは、アプリケーションのアルゴリズムを変えなくても、性能がそのまま上げられることになります。そのためB／F比は今回重視したポイントです。

メモリーから演算器まで広いバスをつながなければいけないので、実装はかなり大変だったと思います。

物理的には冷却が簡単になったというメリットもあります。水冷で直接冷やせるのでシステムをコンパクトにできました。

――インターコネクトの話を教えてください。

ＴｏｆｕインターコネクトＤと呼んでいますが、「京」のＴｏｆｕがベースになっています。「京」のときにＴｏｆｕを6次元のメッシュトーラスとして設計したのを踏襲しています。クラスターをコストエフェクティブにつなぐにはこういったトポロジーがいいと思っています。

今回はＴｏｆｕをＣＰＵチップの中にインテグレートしたのが大きな違いです。「京」のときはプロセッサーとインターコネクトの2チップだったが、それが1チップになり省電力にも性能にも寄与しています。マザーボードは非常にシンプルになりました。

――2020年6月にTOP500で1位になりました。1位は取れると思っていたのでしょうか。

公開情報ベースでは周りの動きはあまりなかったのですが、発表されるまでは何があるかわからないと思っていました。

――実際に世界一になってどうでしたか。

それはやっぱりうれしい（笑）。結果は大事ですね。富岳はアプリケーションで性能が出るようにがんばったスパコンです。複雑で難しいアプリケーションで性能が出せるのであれば、基本的なベンチマーク性能が出せるのは論理的に当たり前のことです。だが、実際に1位を取ろうとするとなかなか難しい。結果としてちゃんとベンチマークでも性能が出ることを証明できてほっとしています。

また、4つのベンチマークがあってそれぞれで1位を取れたというのは、アプリケーション性能に強いという傍証になります。特定のベンチマークだけで性能が出せることが示せても、それはあくまで特定の分野で性能が出せるということにしかなりませんが、4つのテストで性能が出ることはアプリケーションのスペクトラムに合わせて性能が出せるということにつながるので、これは本当にうれしかったところです。

――TOP500の1位は今でも特別でしょうか。

ＴＯＰ５００はもう28年続いています。長く続くベンチマークというのは価値があり評価されているということです。そこで足跡を残せたのは本当によかったと思います。ＴＯＰ５００はそういう意味で価値がありますが、ＨＰＣＧもとても価値があると思っています。ＴＯＰ５００とは対極的なベンチマークですがアプリケーションに近い結果が出ると言われているので、これで結果が出せたことがよかったです。

順位だけでなく結果の違いも大きいと思います。ＨＰＣＧでは、ほかより4倍以上の性能が出ているのでそういうところは評価されると思います。

「京」はＨＰＣＧでもＧｒａｐｈ５００でも1位を取っています。特性は富岳に似ていると思います。

――今後ライバルになるところは。

米国ではエクサスケールのプロジェクトとしてたくさんの名前が挙がっています。それらが今後抜いていくのだろうとは思います。あと中国はプロセッサから作るという取り組みをまじめにやっています。彼らも近い将来出てくるでしょう。演算効率とか消費電力とか、どう抜いていくのか興味を持っています。

――注目している技術は。

メモリーの実装形態とか光をどう使うかは興味を持っています。また、半導体テクノロジーの進歩にどう対応するか、ある程度ドメインスペシフィックな取り組みが必要になるでしょう。

――スパコンの使い方は変わってきていますか。

変わってきていると思います。ＡＩとＨＰＣ（高性能コンピューティング）をどう融合していくかは今後の課題になると考えています。今はＨＰＣの計算結果をＣＧで可視化していますが、似たようにＨＰＣの結果を、ＡＩで分析することによって価値がある結果が得られるように進むのではないでしょうか。スパコンの重要性はますます増して行きます。

――スパコンの開発では２００９年の事業仕分けのときの「２位じゃだめなんでしょうか」が必ず取沙汰されます。事業仕分けの影響をどのようにとらえてますか。

当時、スパコンの必要性・有益性に対する議論がなされたことが、現在につながっています。富岳では、さらに「戦略的高性能計算システム開発に関するワークショップ」などでの準備段階から、公益性・有益性について十分議論するとともに、開発目標が、科学や社会への貢献に一致するように、アプリケーションファースト、サイエンスドリブンの考え方で開発が進められました。このような取り組みにも、仕分けが影響しているかもしれません。

また、何といっても、印象に残り、何度も取り上げられたことは、スパコンへの注目が集まるということでポジティブにとらえています。

第4章

省電力スパコンで世界一、ベンチャー2社の明暗

スーパーコンピューターの消費電力当たりの性能を競う「Ｇｒｅｅｎ５００」で２０１４年11月に日本のベンチャーのスパコンが一躍2位にランクインした。その前2回に同ランキングで1位だった東京工業大学のＴＳＵＢＡＭＥ-ＫＦＣを、Ｇｒｅｅｎ５００で上回っただけでなく、絶対的な演算性能を示すＴＯＰ５００でも上回った。

このスパコン「Ｓｕｉｒｅｎ（睡蓮）」は高エネルギー加速器研究機構において同月、稼働を始めたばかりだった。新しい冷却技術を持つＥｘａＳｃａｌｅｒ(エクサスケーラー)と、多くの演算コアを内蔵するメニーコアプロセッサ技術を開発しているＰＥＺＹ（ペジー）コンピューティングが共同開発した。両社とも、シリコンバレーで医療機器ベンチャーを創業した齊藤元章氏が国内で設立したものだ。

スパコンの多くで使われているＧＰＵは一般に、ＳＩＭＤ（シムド）型と呼ばれる複数のコアが同一のデータ処理を実行する形態になっている。これに対してＰＥＺＹが開発したプロセッサ「ＰＥＺＹ-ＳＣ」は、複数のコアがそれぞれ異なるデータ処理を実行できるＭＩＭＤ（ミムド）型を採用した。ＭＩＭＤ型を採用したのは、ＳＩＭＤ型と比べてコーディングしやすいからだという。「自社でプロセッサを作ったとしても、社外の技術者がプログラミングできないようではあまり意味がない。『Ｇｒｅｅｎ５００』に挑戦する際も、性能テスト用のアプリケーションを容易に実装できた」と齊藤社長は語った。

Ｓｕｉｒｅｎが省電力性能で世界トップクラスとなった理由は、プロセッサの省電力性能に加え、電気を通さない液体を循環させて基板を冷却する「液浸冷却」を実現する装置を自社開発したことにある。空冷と比べて冷却効率が高く、システム全体の消費電力を抑えやすい。

よく似た冷却技術として、東工大のＴＳＵＢＡＭＥ-ＫＦＣでは安価に調達できる油を使う「油浸冷却」を使っていたが、一度油漬けになった基板は修理・再装填できず、システムの保守性が低下する課題があった。Ｓｕｉｒｅｎの場合は基板を取り出して乾燥させれば、通常のサーバーと同じように修理、再装填できるというメリットがあった。

ＰＥＺＹの快進撃は続いた。次回２０１５

理研に設置したShoubu（菖蒲）。5台の液浸槽からなる

	2016年6月	2016年11月	2017年6月	2017年11月
	Shoubu	DGX SaturnV	TSUBAME3.0	Shoubu system B
	Satsuki	Piz Daint	kukai	Suiren2
	神威太湖之光	Shoubu	AIST AI Cloud	Sakura
	GSI Helmholtz Center	神威太湖之光	RAIDEN GPU subsystem	DGX SaturnV Volta
	Sugon Cluster W780I	QPACE3	Wilkes-2	Gyoukou
	XStream	Oakforest-PACS	Piz Daint	TSUBAME3.0
	Internet Service	Theta	Gyoukou	AIST AI Cloud
	Internet Service	XStream	Research Computation Facility for GOSAT-2 (RCF2)	RAIDEN GPU subsystem
	Internet Service	Camphor 2	Facebook	Wilkes-2
	Internet Service	SciPhi XVI	DGX Saturn V	Piz Daint

	2019年11月	2020年6月	2020年11月
	A64FX prototype	MN-3	NVIDIA DGX SuperPOD
	NA-1	Selene	MN-3
	AiMOS	NA-1	JUWELS Booster Module
	Satori	A64FX prototype	Spartan2
	Summit	AiMOS	Selene
	AI Bridging Cloud Infrastructure (ABCI)	HPC5	A64FX prototype
	MareNostrum P9 CTE	Satori	AiMOS
	TSUBAME3.0	Summit	HPC5
	PANGEA III	富岳	Satori
	Sierra	Marconi-100	富岳

	2014年11月	2015年6月	2015年11月
1位	L-CSC	Shoubu	Shoubu
2位	Suiren	Suiren Blue	TSUBAME-KFC/DL
3位	TSUBAME-KFC	Suiren	GSI Helmholtz Center
4位	Storm1	GSI Helmholtz Center	Sugon Cluster W780I
5位	Wilkes	TSUBAME-KFC	XStream
6位	Financial Institution	XStream	IT Company
7位	HA-PACS TCA	Storm1	Internet Service
8位	SURFsara	Wilkes	Internet Service
9位	Piz Daint	Taurus GPUs	Internet Service
10位	romeo	Financial Institution	Internet Service

	2018年6月	2018年11月	2019年6月
1位	Shoubu system B	Shoubu system B	DGX SaturnV Volta
2位	Suiren2	DGX SaturnV Volta	Summit
3位	Sakura	Summit	AI Bridging Cloud Infrastructure（ABCI）
4位	DGX SaturnV Volta	AI Bridging Cloud Infrastructure（ABCI）	MareNostrum P9 CTE
5位	Summit	TSUBAME3.0	TSUBAME3.0
6位	TSUBAME3.0	Sierra	PANGEA III
7位	AIST AI Cloud	AIST AI Cloud	Sierra
8位	AI Bridging Cloud Infrastructure（ABCI）	MareNostrum P9 CTE	Advanced Computing System（PreE）
9位	MareNostrum P9 CTE	Advanced Computing System（PreE）	Taiwania 2
10位	Wilkes-2	Taiwania 2	Huawei G5500

Green500のトップ10推移。網掛けがPEZYグループによるスパコン

年6月のＧｒｅｅｎ５００では同社製のスパコンが1位から3位を独占した。１位になったのは、同グループが理化学研究所に納入した「Ｓｈｏｕｂｕ（菖蒲）」で、消費電力1ワット当たりの性能が７０３１・58メガＦＬＯＰＳを記録。１ワット当たり7ギガＦＬＯＰＳを超える初めてのスパコンになった。Ｓｈｏｕｂｕは２０１６年６月まで３回連続１位を勝ち取った。

2位の「Ｓｕｉｒｅｎ Ｂｌｕｅ（青睡蓮）」と3位の「Ｓｕｉｒｅｎ（睡蓮）」はいずれも高エネルギー加速器研究機構に納入したもので、それぞれ1ワット当たり６８４２・31メガＦＬＯＰＳ、６２１７・０４メガＦＬＯＰＳだった。１ワット当たり6ギガＦＬＯＰＳを超えたのも今回が初めてである。Ｓｕｉｒｅｎは前

Gyoukou（暁光）のシステム全景（提供：ExaScaler）

回2位になったときよりも性能を上げ、消費電力も下がった。

さらに2017年11月にはGreen500で1～3位と5位を取ったのに加え、TOP500でも同グループのエクサスケーラーが開発したGyoukou（暁光）が4位にランクインした。海洋研究開発機構（JAMSTEC）に設置したものだ。

Gyoukouの実行演算性能は19・14ペタFLOPS。1984個の演算コアを備えた独自のアクセラレータ「PEZY-SC2」を計1万個搭載することで実現した。「京」の約2倍の性能であり、東京大学と筑波大学が共同運営する9位の「Oakforest-PACS」（13・55ペタFLOPS）を超えて国内メーカー製スパコンで首位となった。Gyoukouは Green500でも5位に食い込んだ。

PEZYコンピューティング社長でエクサスケーラーの会長を兼ねる齊藤元章氏は「（TOP500で）世界第3位も狙えたところ、全面稼働には至らず悔しい」とどん欲なコメントを残した。

上位独占直後に社長逮捕の衝撃

しかし、我が世の春はここまでだった。同年12月5日、東京地検特捜部が齊藤元章社長ら２人を助成金の不正受給の疑いで逮捕、という衝撃のニュースが走った。経済産業省が管轄する新エネルギー・産業技術総合開発機構（ＮＥＤＯ）の助成金を不正に受給したという疑いだ。

ＮＥＤＯはＰＥＺＹコンピューティングに、未交付のものを含めて35億円を超える助成を決定していた。齋藤社長が詐欺罪で告発されたことを受け、２０１８年２月にはこのうち約６億５０００万円を不正に受給したとして交付を取り消し、加算金２億９０００万円を含めて約９億４０００万円の返還をＰＥＺＹに求めた。

ＰＥＺＹグループへの逆風は続いた。

同年３月に文部科学省管轄の科学技術振興機構（ＪＳＴ）はエクサスケーラーに開発を委託していたスパコンの開発中止を決定し、同社に融資した約52億円の全額返還を求めた。

ＴＯＰ５００で４位になったＧｙｏｕｋｏｕこそが、この事業に基づいて作られたスパコンだった。これほどの成果を上げているのになぜ開発中止になったのか。

ＪＳＴからの委託内容ではプロセッサとメモリーを「磁界結合」と呼ばれる高速で結線が不要なインターフェース技術で接続することになっていた。しかし、このインターフェースの開発が遅れており、Ｇｙｏｕｋｏｕは通常のメモリーを搭載していた。

２０１７年12月時点で、同社は２０１８年中に磁界結合のメモリーを搭載したボードをＧｙｏｕｋｏｕに組み込むとしていた。だがＪＳＴはその採用を待たずに開発の中止を決めた。

ＪＳＴとエクサスケーラーの契約は、事業化に成功した場合は最大5年の猶予を経て10年以内に全額返済、失敗した場合は10％分のみ返済となっていた。しかし、計画変更の理由が技術的なことではなくエクサスケーラーの事情による変更だったため、全額返金を求めたのだった。

ＧｙｏｕｋｏｕはＪＡＭＳＴＥＣに設置されていたが、ＪＡＭＳＴＥＣが購入したものではなかった。エクサスケーラーがＪＳＴからの助成金と、グループ企業からの出資によって製造。ＪＡＭＳＴＥＣの施設を間借りする形で設置していた。ＪＡＭＳＴＥＣはＪＳＴによる開発中止の決定を受け、Ｇｙｏｕｋｏｕ設置の賃貸借契約も解除することになり、Ｇｙｏｕｋｏｕは解体せざるを得なくなった。エクサスケーラーは引き取り手を募集したが、最終的にはやむなく解体となった。世界4位のスパコンとしては実に哀れな結末である。

開発中止の理由は、少なくとも表向きにはＰＥＺＹの事件とは無関係だ。エクサスケーラーには不正は見つかっておらず、ＪＳＴも不正に基づく返還ではないとしている。結局エクサスケーラーは52億円全額を返金し、問題は落着となった。

齋藤被告の公判は2018年5月に始まった。齊藤被告は公判において「詐欺の事実は間違いない。深く反省をしている。期待と信頼を裏切り、NEDOに迷惑をかけてしまい申し訳ない」と容疑を認めた。「開発遅れや失敗を報告すると信頼を失い、助成金を得られなくなると考えて虚偽の報告をした」と、メモリーやメニーコアプロセッサの開発遅れが詐欺の背景にあるとした。

2020年3月の東京地方裁判所による判決は懲役5年の実刑だった。

開発は続くが…

齋藤被告の逮捕によってリーダーを失ったPEZYコンピューティングとエクサスケーラーだが、その後もプロセッサやスパコンの開発を続けている。Green500では2017年11月から2018年11月にShoubuの後継となるShoubu system Bが1位となり、2019年11月にはPEZYとエクサスケーラーによる新しいスパコンNA-1が2位を獲得している。

スパコンにおいて仲間づくり、特にソフトウエアの開発エコシステムができることが重要だ。それは「京」の技術を使った富士通のスパコンビジネスがうまくいかなかったことでも明らかだ。ＰＥＺＹグループもその点で、苦労していた。同社のプロセッサは独自開発のためソフトウエアも専用に作らなければいけない。例えば２０１７年２月の時点では理研に設置したＳｈｏｕｂｕで稼働しているソフトウエアはベンチマークテストを除くと猫の小脳のシミュレーションくらいだったようだ。開発にＯｐｅｎＣＬというライブラリーは使えたが、フル機能ではなかったことや、性能を引き出す最適化も大変だったと言われている。いくつかの開発プロジェクトは動いていたが、完成したのかどうか不明だ。

ＰＥＺＹのプロセッサ技術が本物だったのかどうかにも疑問の声はある。技術の中身を公開せず、論文も発表していないからだ。齋藤被告はかつてこう語っていた。

「できればブラックボックスにしておきたいというのがあります。我々は非常に小さなベンチャー企業なので、事実ではないにしても他社から何か言いがかりをつけられて特許侵害の訴訟などに巻き込まれると、そこで大きなエネルギーや時間やお金を費やすことはとてもできないので。学会発表や論文発表のリスクは取らないようにしていきます」

これに対し、ＩｏＴなどのコンサルティングを行うメディアスケッチ最高技術責任者の江崎寛康氏は「論文がないからといって技術そのものを否定することはできない。しかし、論文がなければ技術を検証する材料がない」と批判的である。

また、理研や高エネルギー加速器研究機構に設置したPEZYグループによるスパコンは、研究所が購入したものではなかった。PEZYグループが保有するものを共同研究などの形で設置していた。同グループが販売したとみられるスパコンは、TOP500のリストを見る限りでは、エクサスケーラーがヤフー！に納入したエヌビディアのGPUを使ったスパコン「kukai（空海）」くらいだ。

PEZYやエクサスケーラーの技術が本物であれば、日の目を浴びずに埋もれてしまうのはもったいない。だがカリスマを失い、仲間の見当たらない状況で進む道は険しそうだ。

AIベンチャーがスパコンでも1位に

「1位を取るとは夢にも思っていなかった」――。Preferred Networks（プリファードネットワークス、PFN）の平木敬シニアリサーチャーは、喜びと驚きをこう表現した。

2020年6月、PFNのスーパーコンピューター「MN-3」がGreen500で世界1位を獲得した。MN-3はPFNが独自開発した深層学習用プロセッサ「MN-Core」を搭載したスパコンで、同年5月に運用を始めた。MN-3は「(Green500

で）良くて2位、悪くて3位」（平木シニアリサーチャー）という事前の想定を良い意味で裏切った。2020年6月のスパコンランキングは、富岳の4冠に加え、日本勢の5冠となった。

MN-3はJAMSTEC横浜研究所のシミュレータ棟にあり、2020年5月に稼働したのは第1期構築分（「MN-3a」）だ。第1期構築分は計算ノード48台で構成されており、それぞれのノードは4個のMN-Coreを搭載する。各ノードの計算能力は理論上半精度で約2ペタフロップス（フロップスは1秒間に処理できる浮動小数点演算回数）なので、MN-3第1期構築分の計算能力は半精度で約96ペタフロップスという

Preferred Networksのスパコン「MN-3」（提供：Preferred Networks）

ことになる。

Ｇｒｅｅｎ５００向けのデータ測定には、ＭＮ‐３のうち40ノード、ＭＮ‐Ｃｏｒｅ１６０個を使った。ＬＩＮＰＡＣＫの性能は倍精度演算で１・62ペタフロップス、消費電力性能は１ワット当たり21・11ギガフロップスだった。ＬＩＮＰＡＣＫによるＴＯＰ５００の順位は３９３位である。

スパコンで１位になったとはいえ、ＰＦＮはＰＥＺＹのようなスパコン専門のベンチャーではない。ＡＩ（人工知能）関連の開発を中心とする会社で、米ＣＢインサイツ社の２０２０年調査では国内で４社しかないユニコーン（時価評価額10億ドル以上の未上場会社）の１社である。日本のＡＩ開発を代表する会社と言っても過言ではない。が、んの診断やスポーツの解析、家庭用のロボットなどを、自社や様々な企業との提携により開発している。「熱意をもとに」「死ぬ気で学べ」「誇りを持って、しかし謙虚に」「誰もしたことがないことを大胆に為せ」の４つをモットーとする研究開発型の企業だ。

世界が驚くＡＩチップを

「我々の手で世界が驚くような超高性能のＡＩチップを作ろう」――。

２０１６年９月、ＰＦＮと理化学研究所のメンバーが参加した合宿で、これまでにないＡＩチップの開発方針が話し合われた。そこで、深層学習の演算に必要な回路を極限まで詰め込んだＡＩチップの開発を目指すことに決めた。これが後のＭＮ-Ｃｏｒｅだ。

合宿に参加したのは、ＰＦＮ側は西川徹社長最高経営責任者と奥田遼介取締役最高技術責任者などの経営陣に加え、ソフトウエア技術者の加藤辰哉氏などの中核メンバー。理研側は並列演算チップ「ＧＲＡＰＥ」シリーズの開発で知られる神戸大学の牧野淳一郎教授と、天才プログラマーとしても知られる天体物理学者の村主崇行氏など国内最高レベルのメンバーが一堂に会した。西川社長は学生時代に「ＧＲＡＰＥ」の開発にかかわっていたことがあり、その縁がきっかけで牧野教授から声をかけられたのだ。ちなみにＰＦＮの平木シニアリサーチャーは当時の研究室の教授だった。

ＰＦＮはこの年、ＮＥＤＯからの委託で理研と共同で深層学習用の行列演算を行う小規模なチップの性能評価を行っていた。そこでＮＥＤＯと並行して「もう一つのプロジェクト」を検討したのがこの合宿だ。

深層学習には「学習」と、その結果を使って判断や予測をする「推論」のフェーズがある。学習の方がはるかに大きな計算力を必要とする。そのころ既にグーグルが推論用のチップを開発して使い始めていたが、学習ではほとんどエヌビディアのＧＰＵが使われていて専用のチップはまだなかった。

「開発競争が激化していた推論用チップと比べ、学習用チップは『穴場』だった」と、PFNエンジニアの加藤辰哉氏は振り返る。「AIチップを開発することで、研究者の生産性をさらに高めたかった」（加藤氏）。

この合宿から2年ほど後の2018年12月に「MN-Core」は発表された。深層学習の演算に特化しており、深層学習に適した半精度（16ビット）演算で524テラFLOPSを実現した。

ハードとソフト、衝突しながら擦り合わせ

「深層学習の演算に使うなら、チップにはせめてこれくらいのI／O（アイオー、データ伝送帯域）は欲しいです」

「いや、そこはソフトウエア（の最適化）で頑張ってよ」

ハードウエア設計とソフトウエア設計の技術者が激論を交わす――。2017年、新プロジェクトはAIチップの設計を進めていた。

ハードウエア設計の立場からは、1チップにできるだけ多くの演算回路を詰め込みた

い。ただソフトウエア設計の立場からみれば、内部メモリーやデータ伝送などチップの足回りがおろそかになると、肝心の深層学習演算の性能が出にくくなる。ソフトウエア側で工夫しようにも限界がある。

こうしたハードとソフトの擦り合わせの末に、演算回路の構成、チップ内蔵メモリーの容量、内部バスや外部バスの速度といった仕様を決めていった。

原理的に最高に近い電力当たり性能を実現すること、シリコン面積当たり性能でもトップクラスにすることを目標にした。深層学習の演算は「99％以上が行列演算」（加藤氏）だ。中核となる行列演算回路は、深層学習には必要不可欠とはいえない分岐命令や除算を省くシンプルな構成とした。1つの演算ブロックに、半精度の浮動小数点の行列演算回路と、ニューラルネットワークのパラメーター更新などに必要な整数演算回路を備えたプロセッサーエレメントを組み込んだ。

「できるだけ1ボードに演算回路を詰め込む」ため、深層学習の典型的なアプリケーションを想定し、1ボードに500テラFLOPS以上の演算性能を組み込むことを目指した。

チップの集積方法や並べ方を工夫

だが、ここで開発チームは壁に突き当たった。新チップの製造に12ナノメートルプロセスを採用する場合、半導体チップ1つの面積を最大にしても、500テラFLOPS分の演算回路を集積させることは不可能だった。

そこで開発チームは、1つのボードにチップを4つ載せ、互いに連携させる方法を考えた。この方が、大面積のチップを製造するよりも歩留まり（良品率）が高まり、製造コストを抑えやすくなる。

しかし、1つのボードに4つのチップを載せて外部バスで接続するとチップ間でデータ伝送する際に多くの電力を消費する。チップ間の伝送速度が遅いと、演算性能のボトルネックになる恐れもある。

最終的に開発チームが採ったのは、4つのチップを作る代わりに1つのパッケージの中にプロセッサ回路（ダイ）4個を封入する方式だった。CPUとGPUなど異なるプロセッサを同じパッケージに載せる構成はよくあるが、全く同一のダイを4つ並べて1つのパッケージにする構成は珍しい。

ダイの並べ方も工夫した。形状を長方形にして、ダイの短辺が隣り合うダイの長辺に接

「MN-Core」は4つのダイを1つのパッケージに並べている（提供：Preferred Networks）

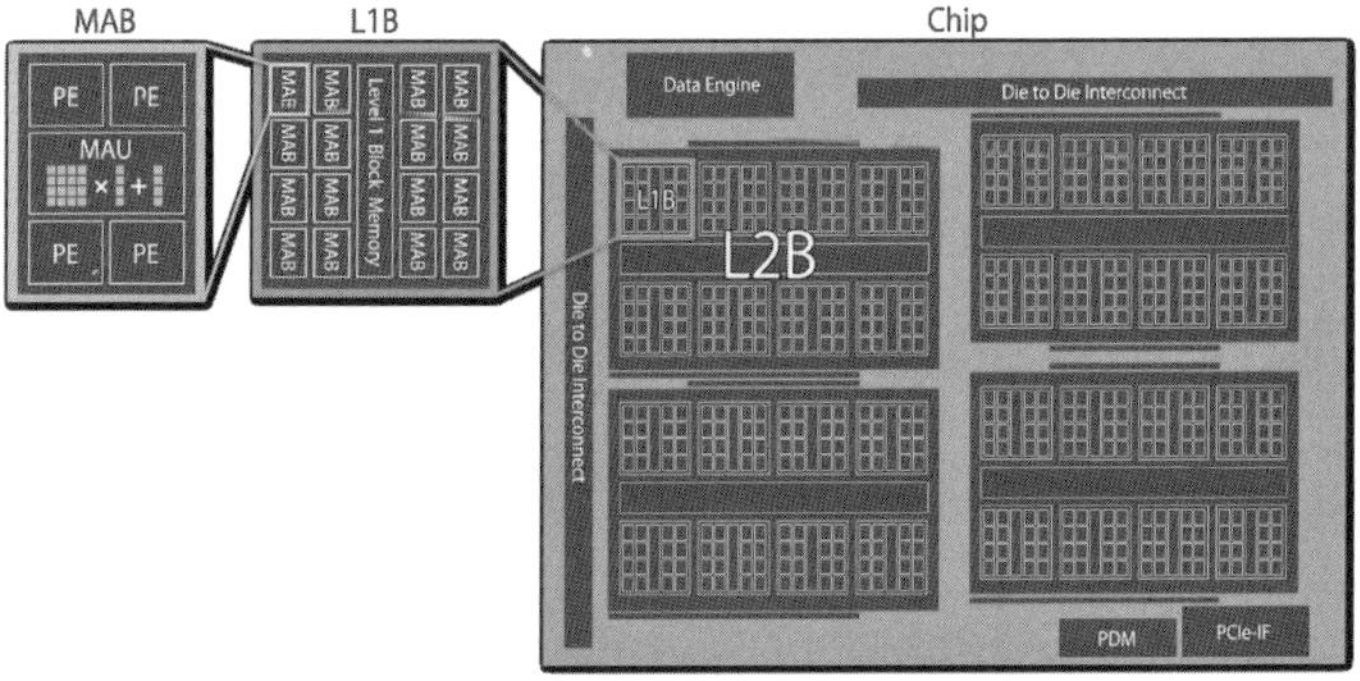

ダイ1つに512個の行列演算器ブロック（MAB）を集積。左と上にそれぞれインターフェース回路を備える（提供：Preferred Networks）

するよう並べた。ダイ間でデータを伝送する距離が最短になるので、伝送にかかる電力を抑えられる。

通常、プロセッサの効率は「演算器を１００％使ったときの性能に対して実際に計算をしたときの性能」で表すが、ＭＮ-Ｃｏｒｅの設計ではチップの中で演算器が占める割合や、使う電力の中で演算器が占める割合といった効率を高めようとしている。ある瞬間に実際に演算をしている演算器の占める面積は、通常のプロセッサでは全体を１としたときに「０・01から０・１くらいだが、ＭＮ-Ｃｏｒｅでは０・５くらいを実現した」（牧野教授）という。

スパコンＭＮ-３は、このＭＮ-Ｃｏｒｅを複数使ったスパコンだ。ＰＦＮにとっては３台目のスパコンだが、最初のＭＮ-１とＭＮ-２はエヌビディアのＧＰＵを使っており、ＭＮ-３がＭＮ-Ｃｏｒｅを搭載した最初のスパコンである。段階的な拡充を予定しており、２０２０年５月に第一期構築分が完了した。ＭＮ-Ｃｏｒｅを４つ搭載するＭＮ-Ｃｏｒｅ Ｓｅｒｖｅｒを１ノードとして、これを48台結合している。

特徴的なのは、米インテルの不揮発性メモリー「Optane DC Persistent Memory」を採用した点だ。同メモリーを深層学習用のハードウエアとして採用するのは「珍しいのではないか」（ＰＦＮの土井裕介執行役員）。

採用の背景には、ＭＮ-Ｃｏｒｅへのデータ供給速度の問題があった。最大効率で計算できた場合を事前検討したところ、大量のデータを処理する深層学習ワークロードに対して、高速なＳＳＤなどを組み合わせてもデータ供給速度が全く足りなかったという。メインメモリーにキャッシュをつくって学習データを供給しようにも、高価なメインメモリーで「そんな大容量のキャッシュはつくれない」（土井執行役員）。

そこでＰＦＮは各ノードにOptane DC Persistent Memoryを3テラバイトずつ搭載した。各ノードが同メモリーをそれぞれ占有し、画像データのキャッシュとして利用することで画像の展開や読み込みの時間を短縮した。導入については「苦労した点は実はそんなにはなくて、すんなり使えている」（土井執行役員）。

ノード間のデータ転送に使うインターコネクトはＰＦＮが独自に開発した「MN-Core DirectConnect」を採用した。仕様は非公開だ。MN-3は２０１９年７月から同じくシミュレータ棟で動いている「MN-2」と複数の１００ギガビット・イーサネットリンクで接続されており、対外線やストレージ、管理ノードなどを共有できるという。

1個のブレーカーを上げるために往復2時間

MN-Coreのボードを MN-3に組みあげるまでには、新型コロナの影響などで様々な苦難があった。多くの作業がリモートでの対応を強いられ、中には基板を自宅に持ち帰って検証するメンバーもいたという。主な構築作業はITベンダーに委託しつつ、緊急対応や緊急保守はPFNが自前で行い、メンバーが必要に応じて構築現場に行くなどして乗り切った。

PDU（Power Distribution Unit）1つの電力供給が遮断し、「わずか1個のブレーカーを上げるために（構築現場に）車を飛ばして往復2時間かけて行った」（土井執行役員）こともある。インターコネクトのトポロジー（接続形態）も途中で変更したが、自前の保守で乗り切ったという。コロナ禍でベンダーや自社メンバーの出社調整やスケジュール変更などに追われ、「よくできたな、というのが正直なところ」（土井執行役員）という困難な構築作業だった。

MN-3は2020年11月のGreen500では1ワット当たり26・04ギガFLOPSと前回よりも2割以上向上したが、残念ながら僅差で2位に落ちた。しかし、電力計測条件を厳しくしたGreen500のレベル3では1位となった。

電力当たりの性能が6月より向上したのはソフトウエアのチューニングが進んだためだ。6月は40ノードをすべて使用していたが11月のベンチマークでは32ノードにとどまった。しかし、計算速度は6月の1・621ペタFLOPSを超えて1・653ペタFLOPSとなった。少ないノードで電力消費が減ったのに性能が上がったため、電力当たりの性能が大きく向上したのだ。MN-Coreは機能がシンプルな分、ソフトウエアで向上できる面が多い。

PFNは、今のところMN-Coreやスパコン自体を外販していない。同社にとっての「工場」（土井執行役員）という位置付けだ。独自のプロセッサでソフトウエアのチューニングが重要なため、ソフト開発力が必要になるが、AIの学習は定型的な処理が多く、そこを重点的に最適化すれば性能は上がる。ソフトウエアがなくて使い道がなかったり、期待した性能が出なかったりといった問題は起こりにくい。PEZYと大きな違いが出てしまった最大の理由はそこにある。

PFNの西川社長と岡野原大輔副社長は共著書『Learn or Die　死ぬ気で学べ　プリファードネットワークスの挑戦』において、最初のMN-Coreではあまり冒険をしておらず、「次は、アーキテクチャを変えていく段階へと移っていく」と記している。まだMN-3が動き出した段階で時期尚早ではあるが、今後の発展にも期待したい。

第5章

量子コンピューターの衝撃

２０１９年10月23日、衝撃的なニュースが世界を駆け巡った。米グーグルが開発した量子コンピューター「Ｓｙｃａｍｏｒｅ（シカモア）」が、既存方式のコンピューターでは到達し得ない能力を持つことを示す「量子超越性」を実証したと言うニュースだ。当時世界最速スーパーコンピューターだった米ＩＢＭ製の「Ｓｕｍｍｉｔ」で１万年かかる計算を、わずか２００秒で解いてしまったのだという。グーグルのスンダー・ピチャイＣＥＯ（最高経営責任者）は発表文で「今回のブレイクスルーによって、効率的なバッテリーの開発や、少ない消費エネル

量子コンピューター「Sycamore」。スパコンで1万年かかる計算が200秒に/量子超越性を実証したSycamoreとグーグルの量子コンピューター開発を率いていたジョン・マルティニス チーフサイエンティスト

量子プロセッサを格納した「銀柱」の中身（出所：米グーグル）

ギーで肥料を化学合成する手法の開発、新しい医薬品の開発など、量子コンピューターの実用化に一歩近づくことになった」と述べている。

この、量子コンピューターはこれまでのコンピューターと何が違っていて、どうしてこれほどまで高速に計算できるのだろうか。

量子ビット使い「重ね合わせ」で一度に計算

普通のコンピューターは0か1かを表す2進法のビットの組み合わせで数値を表現し、ビット間の演算を組み合わせることによって計算を実行する。

例えばビットが2つあって、そのANDという演算であればどちらも1のときだけ1になり、片方が1の場合やどちらも0のときは0になる。つまり1と1なら1、1と0なら0、0と1なら0、0と0なら0と4つの場合がある。XORという演算であれば0と0、1と1のときは0になり、0と1、1と0のときは1になる。2進法の1ビットの足し算は「0＋0＝00」「0＋1＝01」「1＋0＝01」「1＋1＝10」となるが、これは2つのビットのXORを1の位、ANDを上の桁に置いたときと同じである。どんな複雑な計算も、こういったシンプルな演算の組み合わせで実行されている。

量子は波のような存在で、０か１か単純に決められない。それどころか同時に両方であり得る。これを「量子重ね合わせ」という。１つの「量子ビット」は０と１の両方を同時に取り得、２つの量子ビットであれば、前述の１と１、１と０、０と１、０と０の４つの状態をすべて取り得る。これら量子ビットも既存のコンピューターと同様にANDやXORなどの演算をしたり、それらを組み合わせて足し算したりできる。

このとき量子ビットの演算が既存のコンピューターと異なるのは、４つのパターンの計算を同時に行ってしまうことだ。既存のコンピューターで４つのパターンの計算結果をすべて出すには４回計算を実行しないといけないが、量子コンピューターでは１回で済むのだ。

量子コンピューターで計算が劇的に速くなるというのは、この「量子重ね合わせ」の原理による。ビットが２つなら普通のコンピューターの４回に対して量子コンピューターは１回と、大した違いにはならないが、ビットが10個になったら普通のコンピューターで全部の結果を得るのに１０２４回かかるのに対して、量子コンピューターならこれでも１回で済む。ビット20個になったら１００万回に対して１回と、扱えるビットが増えるにつれてどんどん量子コンピューターの優位性は増していくのだ。

ただ、量子コンピューターがすべての計算で従来のコンピューターを圧倒するのかとい

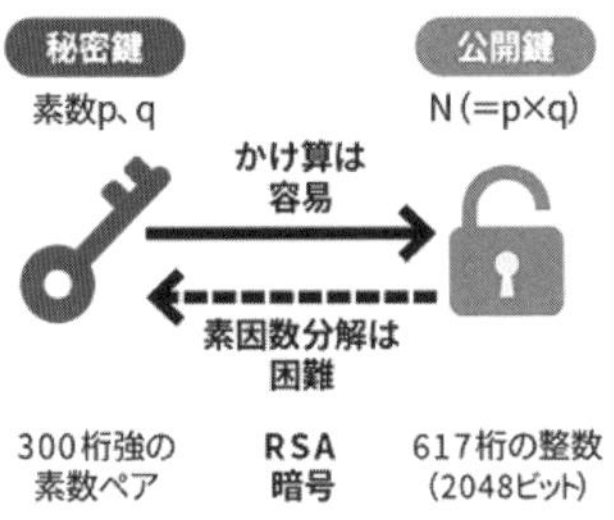

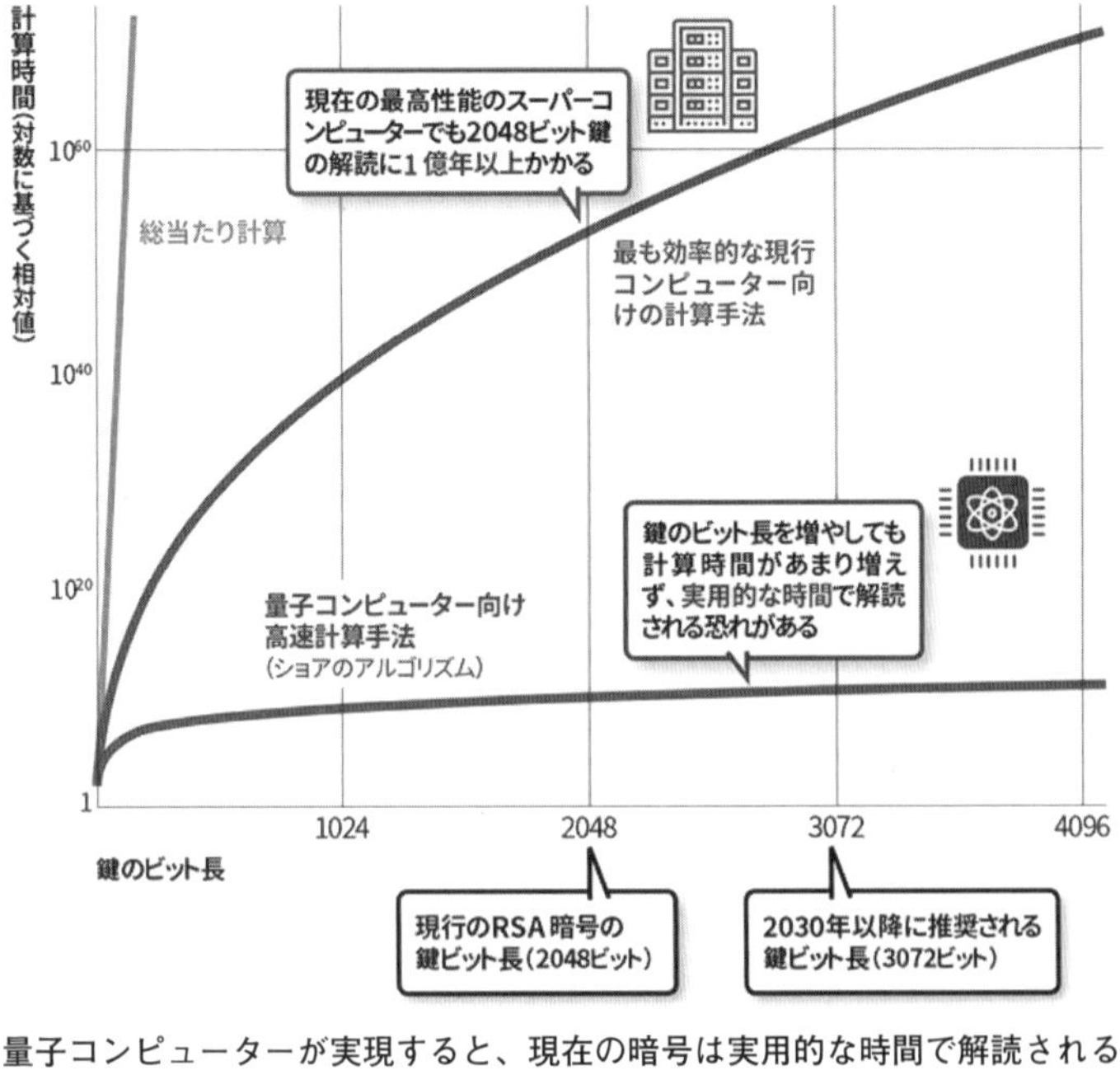

量子コンピューターが実現すると、現在の暗号は実用的な時間で解読される恐れがある

うと、それほど単純ではない。まず、上記のようなすべてのビットパターンを同時に計算することにメリットがあるような目的がなければいけない。例えば1＋1の結果を知りたいだけなら量子ビットのメリットはない。また量子ビットは2つの値のどちらも取り得るが、実際に値を取り出そうとすると、両方が取れるわけではなく、どれか1つしか取り出せない。20ビットの計算でも100万個の値を取り出せるわけではなく、実際に取り出せるのは1つの値だけだ。

だから計算は1回で済むといっても、取り出した値から求めたい結果をうまく導き出す工夫がいる。整数を素数の積の形に分解する素因数分解や、組み合わせの最適化問題など、量子コンピューターを使っていくつかの問題を解く方法が、これまでに考案されている。理論上、量子コンピューターは現在のコンピューターが解ける問題をすべて解くことができるが、量子コンピューターが高速に解けるのは、こういった量子コンピューター専用の解法が見つかっている特別な問題だけだ。

ただ、組み合わせの最適化問題は人工知能の一分野である機械学習の高速化につながるし、素因数分解はインターネットなどで使われている暗号技術に直結する。例えばウェブの暗号化などで広く使われているRSAという暗号技術は、大きな数の素因数分解が現実的な時間ではできないことを前提にしており、量子コンピューターによって素因数分解が高速に解けるようになると、暗号が解かれてしまう恐れがある。これだけでも量子コンピューターは世界に大きな影響を与える可能性がある。

なお、量子コンピューターが計算の回数を減らせるとはいえ、解けるビット数が小さければ、計算を減らせる度合いが少ないし、1回の計算の速度が遅ければ、既存のコンピューターに勝るとは言い切れない。この章の冒頭に挙げた「量子超越性」が注目されていたのは、このためである。

今の量子コンピューターは「ライト兄弟の初飛行」か

グーグルが発表した量子超越性については、スパコンの性能を過小評価していると IBMから反論の声が上がるなど、まだ決着がついたとは言い切れないところもある。また、今回はあくまでも特定の計算でスパコンよりも速く実行できたというだけであって、実用的な目的に使えるのにはほど遠い。今回使った量子プロセッサ「Sycamore」は54量子ビットと、まだまだ規模も小さい。

グーグル自身もそこは認識している。同社は量子超越性の実証を「ライト兄弟による1903年の有人初飛行」になぞらえている。ライト兄弟はエンジンを積んだ飛行機が空を飛べると示した点で偉業をなし遂げた。しかしその飛行時間はわずかであり、輸送手段としては使い物にならなかった。それと同じで今回も膨大な計算能力があると示せたが、実用性まで実証できたわけではない。

しかしグーグルがライト兄弟の偉業を引き合いに出した背景には、同社の強烈な野望もある。飛行機の性能はライト兄弟が有人飛行に成功すると急激に向上した。初の有人飛行からわずか11年後の1914年に第1次世界大戦が始まると、飛行機は偵察や爆撃などで目覚ましい「戦果」を上げ、有用性を世に知らしめた。それと同じことが量子コンピューターにも起こる。つまり10年以内に量子コンピューターが実用の域に達し、有用性を世に知らしめることになるとグーグルは主張しているのだ。

最適化問題専用機で度肝を抜いたD-Wave

量子コンピューターの概念自体は新しいものではない。ノーベル物理学賞を受賞したリチャード・ファインマン氏が1982年にその概念を提唱したのが最初であり、1990年代から世界中で研究や開発が進められてきた。しかし当時は「実現は早くて21世紀後半」と目されていた。

量子コンピューターへの注目を一気に高めたのがカナダの新興企業であるD-Wave Systemsだ。2011年、量子コンピューターを世界で初めて発売したのだ。ユーザー第1号は、米ロッキードマーチンだった。2013年5月には、NASAとグーグルが共同でD-Waveの量子コンピューターを導入したと発表した。NASAとグーグルは量子コンピューターを使って人工知能を研究する「量子人工知能研究所」も設立している。

D-Waveのマシンは、正確に言えばコンピューターではなく「実験装置」である。D-Waveマシンには、プロセッサもメモリーも、ハードディスクのような外部記憶装置も存在しない。また、D-Waveマシ

米国カリフォルニア州シリコンバレーにある米航空宇宙局（NASA）の「エイムズ研究センター」に設置された、カナダD-Wave Systemsの量子コンピューター「D-Wave Two」。同社は西森教授の「量子アニーリング」に基づいて量子コンピューターを開発した

ンを利用する際には、問題を解くためのアルゴリズムを開発する必要がない。組み合わせ最適化問題だけを解くように作られた専用機なのだ。

考案者は日本人

D-Waveマシンは東京工業大学の西森秀稔教授が考案した「量子アニーリング」がきっかけで生まれた。

組み合わせ最適化問題を解く方法として、「シミュレーテッドアニーリング（SA、疑似焼きなまし法）」という方法が従来から知られていた。組み合わせ最適化問題とは一定の条件で、最適な方法を見つける問題で、有名なものでは複数の目的地を回る

「量子アニーリング」を世界で初めて考案した東京工業大学理学部長の西森秀稔教授（写真：加藤康）

ときの最短距離を見つける「巡回セールスマン問題」がある。また、機械学習における計算も一種の組み合わせ最適化問題だ。

ＳＡは磁性体を高温にしてゆっくり冷やすと形状が安定するという「焼きなまし（アニーリング）」という現象を真似てこの問題を解く方法で、従来型コンピューターの上で焼きなまし現象をシミュレーションして組み合わせ最適化問題の近似解を得る方法が使われていた。

これを発展させ、「量子力学の焼きなまし現象」を使ってこの問題を解くことを考案したのが西森教授だ。

１９９８年に西森教授は、現実の焼きなまし現象ではなく、理論上の現象である「量子力学の焼きなまし現象」をアルゴリズムに借用した方が、より高速に組み合わせ最適化問題を解けるのではないかと考えた。そして研究室の大学院生だった門脇正史氏と「量子力学の焼きなまし現象」を借用したアルゴリズム、「量子アニーリング」を考案したのだ。

門脇氏がコンピューターシミュレーションによって検証したところ、「通常（古典力学）の焼きなましではなく『量子力学の焼きなまし』をアルゴリズムに借用した方が、組み合わせ最適化問題の厳密解を、より高い確率で得られることが分かった」（門脇氏）という。

量子アニーリングはアルゴリズムなので、西森教授は「量子力学の焼きなまし現象」を従来型コンピューター上でシミュレーションすればよいと考えていた。ところが２００４年、西森教授が想像すらしなかった、画期的な発想をする人物が現れた。それがＤ-ＷａｖｅＳｙｓｔｅｍｓの創業者、ジョーディー・ローズ氏だ。

ローズ氏の発想は、「量子力学の焼きなまし現象」が発生する実験装置を作るという途方もないものだった。「量子力学の焼きなまし現象」を従来型コンピューター上でシミュレーションするよりも、実験装置で実際の現象として発生させた方が、結果を高速に得られると考えたのだ。そしてその実験装置を、超電導回路を使って作成した。これが２０１１年に商用化したＤ-Ｗａｖｅマシンの誕生の経緯であり、Ｄ-Ｗａｖｅマシンで組み合わせ最適化問題が解ける理由である。

Ｄ-Ｗａｖｅマシンを使って組み合わせ最適化問題を解くには、問題をモデル化して「イジングモデル」と呼ばれる形式に落とし込み、それを「焼きなまし」によって解いていく。普通のコンピューターのようにアルゴリズムによって問題を解くのとは異なっている。

超電導回路である量子ビット自体は電力を消費しないため、Ｄ-Ｗａｖｅを使って計算を行った場合の消費電力は、超電導回路を絶対零度（摂氏マイナス２７３・15度）に限りなく近い温度にまで冷やす「希釈冷凍機」や、データの入出力に使用するパソコンが消費するものに限られる。スーパーコンピューターを使用して組み合わせ最適化問題を解くのに比べて、消費電力を大幅に削減できる可能性がある。これも量子コンピューターの大きなメリットと考えられている。

最初に発表した「D-Wave One」は128量子ビットだった。これは128個までの組み合わせ最適化問題しか解けないことを意味する。巡回セールスマン問題で16地点を回るとしたら、16地点間の経路は16×15÷2＝120通りになる。その程度の規模の問題がこのマシンで解ける最大ということだ。

その後2013年には512ビットのD-Wave Twoを、2015年には1000個を超える量子ビットを搭載する新モデル「D-Wave 2X」の出荷を開始した。グーグルはこのマシンを使って組み合わせ最適化問題を解き、プロセッサコアが1個の通常のコンピューターで同じ問題を解くのに比べて、最大1億倍高速であることを実証した。さらに2020年には5000量子ビットを超えるシステムを発売しており、解ける問題の規模は着々と大きくなっている。5000量子ビットあれば100地点程度の巡回セールスマン問題を解けることになる。

D-Waveの量子コンピューターは、二つの論争を巻き起こした。一つは「本当に量子コンピューターなのか？」。もう一つは「本当に既存のコンピューター（量子コンピューターに対して古典コンピューターと呼ばれる）よりも高速なのか？」だ。

このうち前者については、研究者の間では「何らかの量子効果（量子ビット間に働く、古典物理では説明がつかない現象）が現れているのは間違いない」という結論がほぼ固まった。量子効果を証明したとする論文が２０１３年から２０１４年にかけて相次いで発表され、これに対する有効な反論が現れていないためだ。

だが後者の問い、つまり「本当に古典コンピューターよりも高速なのか？」については、結論は出ていない。

一部の最適化問題については「Ｄ-Ｗａｖｅのシステムの方が高速」と実験で確認できている。ただ、より広範な最適化問題について性能を実証しない限り、本当の意味で「古典コンピューターよりも高速」とは言いにくい。

理論的には古典コンピューターよりはるかに高速になるはずの量子コンピューターが、実験では性能を発揮できないのはなぜか。Ｄ-Ｗａｖｅや量子アニーリングの研究者は、その要因として、熱などに起因する雑音（ノイズ）や量子ビットの特性バラツキを補正する際の補正ズレを指摘する。

Ｄ-Ｗａｖｅシステムは、これらの影響を打ち消すため、同じ演算を何千回も繰り返すことで最適解を導いており、これが高速化をさまたげる要因になっている。

国産メーカーも「アニーリング」に参入

量子アニーリングについて、西森教授は当初従来型コンピューターの上でシミュレーションすることを想定していたが、実際に量子アニーリングのような方法を従来型のコンピューターで実現したシステムもある。富士通が提供する「デジタルアニーラ」で、２０１８年からクラウド上でサービスを提供している。スパコン富岳を製造した富山の富士通ＩＴプロダクツでは、倉庫内で部品を集める作業を最適化するため、実際にデジタルアニーラを使用している。

富士通はシミュレーションで多用する演算を高速処理するチップを独自に開発しており、８１９２ビットと、当時のＤ-Ｗａｖｅよりも相当大きな問題を解けるようにした。「量子コンピューターの動作原理からヒントを得た」機能を入れているという。富士通はデジタルアニーラの能力を「実用性で量子計算を超えた」と表現。「ほとんどの最適化問題を１秒で解ける」（吉澤尚子執行役員常務）とも主張した。日立製作所も富士通同様、ＬＳＩで高速化したアニーリングのシステムを開発している。「半導体なら多ビット化しやすく、より大きい問題に適用できる」（情報エレクトロニクス研究部の山岡雅直主任研究員）と量子コンピューターへの対抗に自信を見せる。

商用化したデジタルアニーラの筐体（提供：富士通）

第2世代のDAUを手にする富士通の吉澤尚子執行役員常務

ＮＥＣもベクトルプロセッサを使ったアニーリングマシンを開発している。同社はＤ-Ｗａｖｅに出資・提携し、Ｄ-Ｗａｖｅの量子クラウドサービスに同社のアニーリングマシンを組み込む。Ｄ-Ｗａｖｅの方が問題を解くのは早いが、ＮＥＣの方が大規模な問題を解けるため、組み合わせて使うニーズを見込む。ＮＥＣはまた独自の量子アニーリングマシンの開発も進めている。

ＩＢＭ、グーグルが覇権を競う

実用性ではアニーリングが先行するが、組み合わせ最適化問題の専用機であり、ニッチな用途にとどまる。「量子ゲート方式」と呼ばれる本来の量子コンピューターが本命であることは間違いない。この章の冒頭に紹介したグーグルの量子コンピューターも量子ゲート方式だ。

量子ゲート方式で先行し、グーグルへの対抗意識を隠さないのが米ＩＢＭだ。ＩＢＭは２０１６年5月、量子ビット5個からなる量子コンピューターを操作できるクラウドサービス「IBM Quantum Experience」を無償提供して話題を呼んだ。公開から約１年で１００カ国超の４万５０００人が使い、約30万回の実験をこなした。

ＩＢＭは２０１7年5月には17個の「量子ビット」を備えたプロセッサを試作したと発表した。同社初となる商用の量子コンピューター用プロセッサの試作品となる。ジニー・ロメッティＣＥＯ（最高経営責任者）は同年３月期の業績発表で「量子コンピューターなど新技術を提供し、企業の複雑なビジネス課題への取り組みを変革する」とコメントした。

ただ、グーグルにしてもＩＢＭにしても、現在開発されている量子コンピューターはいずれも「ＮＩＳＱ（ニスク）」と呼ばれている不完全なものだ。ＮＩＳＱとは「ノイズがありスケールしない量子コンピューター」という意味だ。「ノイズがあり」とは、今の量子コンピューターはエラー訂正の機能を持っていないことを指す。「スケールしない」とは量子ビットが少ないこと。現在開発されているものは数十ビットだが、実用に達するには１００万ビット必要とも言われている。

量子コンピューターの理論は量子ビットにエラーが起こらないことを前提に研究されてきた。素因数分解など、これまで考えられている量子コンピューターを使った問題の解法も同様だ。しかし、エラー訂正を入れると利用できる量子ビット数は大きく減るため、ビット数とのトレードオフになり、現状では難しい。将来はエラー訂正機能が入った「ユニバーサル量子コンピューター」の開発に移行していくだろうが、それには数十年かかる見込みだ。

エラー訂正なしでも広がる用途

そのため、ＮＩＳＱを有効に使うための研究も進みつつある。グーグルで量子アルゴリズムのチームを率いるリャン・バブシュ氏は「ＮＩＳＱ向けアプリケーションはまだ性能が不確かで適応領域もニッチだが、将来は有望だ」と語る。

現在世界中で、ＮＩＳＱと古典コンピューターとを組み合わせることで、古典コンピューターだけでは解けない実用的な問題を解く「量子古典ハイブリッドアルゴリズム」の開発が進んでいる。グーグルは量子コンピューターのクラウドサービスを開始し、世界中の研究者に同社の量子コンピューターを使ってもらうことで、量子古典ハイブリッドアルゴリズムが実際に成果を上げられるか実証しようと考えている。

量子古典ハイブリッドアルゴリズムが成果を上げられそうな分野として、グーグルは「量子化学シミュレーション」「量子機械学習」「組み合わせ最適化」などを挙げている。

その中でも特に期待が高まるのが量子化学シミュレーションだ。量子コンピューターを使って様々な化学反応を分子レベルでシミュレーションすることで、化合物の劣化を防いだり、より効率的に生成したりする方法を見つけ出すことを目指す。

分子の内部の物理現象は量子力学に支配されており、古典コンピューターでシミュレーションするのには非常に時間がかかる。それに対してNISQを使うと、分子内部の状態を比較的高速にシミュレーションできる可能性があるという。

具体的には、分子や原子を構成する電子の状態などを量子ビットによって表現した上で、様々な電子状態の重ね合わせを量子回路上で再現する。このような量子コンピューターが出力する状態をサンプリングすることによって分子のエネルギーの値を測定する。

量子コンピューターを使うのは電子状態の重ね合わせの生成とそれに対する測定のみであり、エネルギーの値の計算には古典コンピューターを使用する。実際のシミュレーションにおいては量子回路のパラメータを何度も変えてエネルギーの値を計測することで、

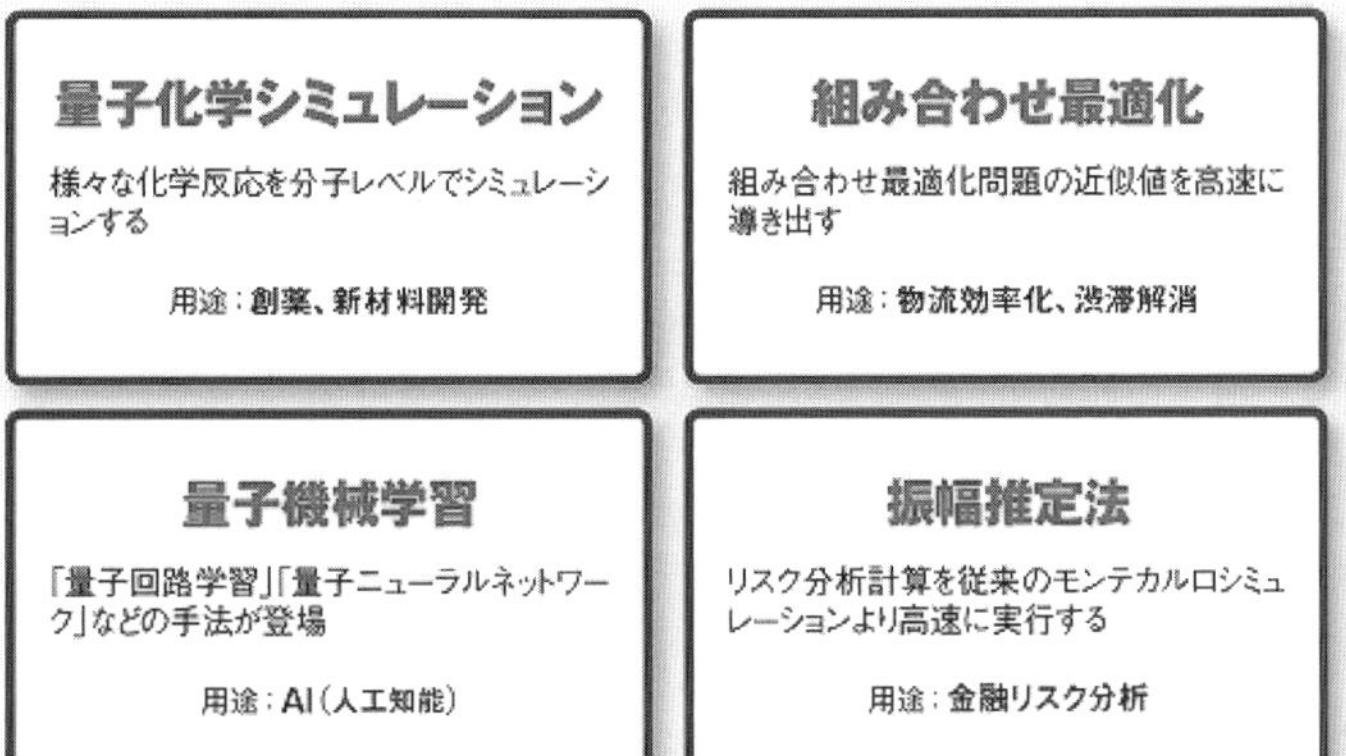

NISQな量子コンピューターの用途として研究されている分野

エネルギーの値が最も低くなる状態を探す。それがシミュレーションによって探し出したい「分子のあるべき状態」であるからだ。

グーグルは２０１６年7月、当時同社が開発済みだった5量子ビットの量子コンピューターを使った量子化学シミュレーションに成功している。カナダ・トロント大学のアラン・アスプル＝グジック教授が考案した「ＶＱＥ」という量子古典ハイブリッドアルゴリズムを使用した。

このときに量子コンピューターがシミュレーションしたのは水分子だ。水分子のようなシンプルな分子ならパソコンでもシミュレーションが可能だ。しかしより複雑な分子となるとスパコンでもシミュレーションが難しくなる。

世界のエネルギー問題を解決

グーグルによれば１００量子ビットがあれば、バクテリアが有機物を分解してアンモニアを合成するプロセスを分子レベルでモデル化し、シミュレーションできるようになるという。もしバクテリアが常温でアンモニアを合成するプロセスを解明して再現できれば、人類に多大な恩恵をもたらす。なぜなら現在、空気を高温高圧状態にすることで窒素と水素からアンモニアを化学合成する「ハーバー・ボッシュ法」を実行するために、世界の燃料消費の１～２％が投じられているからだ。この分を節約できる可能性が出てくる。

ＮＩＳＱを使った量子化学シミュレーションに関しては日本企業も有用性を探る取り組みを始めている。例えば三菱ケミカルはＩＢＭや量子ソフトウエアスタートアップのＱｕｎａＳｙｓ（キュナシス）と提携し、リチウム空気バッテリーや有機ＥＬなどの開発に役立つ量子化学シミュレーションをＮＩＳＱで実行する手法を研究する。

三菱ケミカルと提携したＱｕｎａＳｙｓの楊天任ＣＥＯは「数年以内に実現するであろう２００量子ビットのＮＩＳＱがあれば、これまで不可能だったような大規模な光化学反応のシミュレーションが可能になる。我々がそのためのアルゴリズムを開発した」と語る。大規模な光化学反応のシミュレーションができれば、新しい有機ＥＬ材料や蓄光材料の開発が可能になるという。

グーグルのスンダー・ピチャイＣＥＯは量子超越性の発表に際し、「今回のブレイクスルーによって効率的なバッテリーの開発や少ない消費エネルギーで肥料を化学合成する手法の開発、新しい医薬品の開発など、量子コンピューターの実用化に一歩近づくことになった」と述べている。

たとえ10年以内にエラー訂正が可能な量子コンピューターが完成しなくても、１００

～1000量子ビットのNISQが開発できれば、それだけで世界の産業が姿を一変させる可能性があるとピチャイCEOは見る。だからこそ量子コンピューターの開発に力を注いでいるのだ。

量子超越性の先には？

さて、冒頭のグーグルによる「量子超越性」について話を戻そう。グーグルに反論したIBMは、グーグルが行ったスーパーコンピューターを使った計算では、演算中にハードディスクを使わず、メモリーだけを使ったため遅かったのだと主張した。IBMのシミュレーションでは、ハードディスクを使えば最悪でも2日半で問題が解けるため、グーグルが言う「1万年」には全くあたらず、「量子コンピューターはまだ既存のコンピューターで再現できる範囲にある」のだという。

IBMの反論にも否定する意見がある。量子コンピューターの研究者である大阪大学の藤井啓祐教授はグーグルとIBMの論争に関して、「グーグルに分がある」と見る。藤井教授はグーグルが雑誌「ネイチャー」に掲載した論文の査読者でもある。

「IBMの主張に沿ったとしても、スパコンの2日半に比べて200秒なのだから量子コンピューターの方が圧倒的に速い。これから量子ビット数があと数個増えるとスパコンのディスクメモリーに量子状態を書き出せなくなる。そうなるとＩＢＭの反論は破綻し、グーグルと同じ手法でスパコンと量子コンピューターの性能を比較せざるを得なくなる」（藤井教授）と見ているためだ。

誤り訂正量子コンピューターを2029年に

エラー訂正が可能な量子コンピューターは「万能（ユニバーサル）量子コンピューター」や「耐障害性（フォールトトレラント）量子コンピューター」などと呼ばれる。グーグルはこの実現時期について「２０２９年」というロードマップを立てている。

量子ビットのエラー訂正ができるようになるためには、量子ビットのエラー率を０・００１％未満に抑えたうえで、１００万個の量子ビットをハードウエアに実装する必要があるという。

グーグルは超電導方式の量子ビットを採用しているため、量子ビットは絶対零度に近い超低温の状態で稼働する必要がある。Ｓｙｃａｍｏｒｅは量子ビットを冷やすために、直径１メートル程度の円筒形の希釈冷凍機を使っていた。

それに対して100万個の量子ビットを搭載するハードウエアにおいては、人間の身長の4~5倍の直径がある巨大な希釈冷凍機を使う計画だ。巨大な冷凍機の中は100個のタイル状のモジュールに分割してあり、各モジュールに量子ビットが1万個搭載してあって、相互に接続してある。グーグルでハードウエア計測学担当量子リードを務めるユー・チェン氏は、グーグルが独自の冷凍機を開発していることも明らかにした。

「完全な量子コンピューターを2025年に実現」とIonQが宣言

完全な量子コンピューターの実現時期については、グーグルよりもさらに強気の姿勢を打ち出すスタートアップもある。イオントラップ方式の量子コンピューターを開発する米IonQ(イオンQ)は、エラー訂正ができる量子ビットの実現時期について2021~2023年という見通しを示したうえで、既存のコンピューターでは達成し得ない性能を有する量子コンピューターを2025年までに実現するロードマップを明らかにした。

イオンQは2020年10月に、量子ビットを32個搭載する量子コンピューターを開発し、米IBMが提唱する、量子コンピューターの計算能力を示す指標である「量子ボリューム」で、419万4304という世界記録の数値を達成したと発表している。それまでの世界記録は航空宇宙大手の米ハネウェルが2020年9月に発表した128だった。イオンQはまた、現在は部屋ほどの大きさがある同社の量子コンピューターが、2023年までにラックマウント可能なサイズにまで小さくなるとの見通しも発表している。

イオントラップ方式はイオンを真空の容器に閉じ込めて量子ビットとして使う方式だ。非常に精度が高いというメリットがある。一方で、一つの容器に閉じ込められるイオンの数が少ないので大規模化に課題がある。

IBMは2023年に1121量子ビットを実現へ

IBMも2020年9月に野心的なロードマップを発表している。同社が同月にリリースした量子コンピューターHummingbirdは65個の量子ビットを備えるが、2021年にリリースするEagleでは127量子ビットを、2022年のOspreyでは433量子ビットを搭載し、2023年にリリースする次世代のシステムであるCondorでは1121量子ビットを搭載する計画だ。さらに100万量子ビットのハードウエアも目指すという。IBMはグーグルと同じ超電導を使っている。

大手コンサルティング会社の米ボストン・コンサルティング・グループの予測によれば、誤り訂正量子コンピューターが実現することによって、250億〜500億ドルの経済的なインパクトが発生するという。

中国も量子超越達成

2020年12月には中国の研究者グループも雑誌「サイエンス」に量子超越を実現したという論文を発表した。グーグルの方式とは異なり、光子を利用する。「ガウシアンボソンサンプリング」という問題を解く専用のデバイスではあるが、富岳を使っても6億年かかるという計算をわずか200秒で解いた。光子数は平均43だったという。

これは、実用的な意味がある結果ではないが、光子を使っているのは注目に値する。光子は超電導のための冷却装置やイオントラップ方式のための真空容器などが不要というメリットがある。今回の発表によって、量子コンピューターの開発が新たな時代に入りつつあるのは確かだ。

量子コンピューターが、ITの主役に躍り出る日はいつになるかはまだ明らかでない。

どの方式が主流になるかもこれからの開発次第であり、結論を出すには時期尚早だ。残念なのは現状を見る限り日本のメーカーの存在感が薄いことだ。量子アニーリングが話題を呼んだように、かつては量子コンピューターにおいて日本の研究は世界での存在感が大きかったが、量子ゲート型の開発競争においては影が薄くなってしまっている。まだまだ先の技術ではあるが、これまでのスパコンが世界一にチャレンジしたのと同様、研究や開発を続けないことにはキャッチアップも難しくなる。

おわりに

「京」が登場したとき、スパコンの世界は米国1強に日本と中国がチャレンジするといった構図だった。それがその後10年で様変わりした。「京」がＴＯＰ５００で2回目の1位を取った２０１１年11月から富岳が1位を取った２０１２年6月の間の8年間、16回のランキングのうち10回は中国のスパコンが1位を取ったのだ。ＴＯＰ５００にランクインする中国のスパコンの数も急増し、トータルの計算パワーも米国に迫った。米中が圧倒的2強となっていた。

富岳によって、国別の計算パワーでは米中日の3強となった。だが、これがゴールではない。富岳やその他のスパコンを生かしていくことが重要である。

この10年間でもう一つ変わったのがスパコンの用途が大きく拡大したことだ。かつては気象など大規模な現象のシミュレーションが主な用途であったが、人工知能や創薬など、産業に直結する用途でもスパコンは続々と使われるようになっている。人工知能ベンチャーであるプリファードネットワークス（ＰＦＮ）が3台ものスパコンを自身で持っているように、人工知能の分野では計算力がその企業の開発力と言っても過言ではないほど重要である。

また、シミュレーションの分野でも分子レベルの動きまでが扱えるようになったことから、コロナの飛沫のシミュレーションなど、現実世界をより緻密に調べられるようになった。計算機上に現実世界のコピーを作る「デジタルツイン」も実用化が進みつつある。

このようにスパコンやその計算力は研究の世界だけでなく、産業的にも重要になった。計算力は産業力であり国力に直結する時代なのだ。オールラウンドに性能を発揮する富岳は多分野で功績を挙げることが期待される。

富岳とは真逆のアプローチとしてPFNの今後にも注目だ。MN-3は人工知能の機械学習に特化した作りであり、性能を引き出すにはソフトウエアのチューニングが重要だ。富岳のように多分野で使うとしたらそれぞれのソフトウエア開発に多大な手間がかかるのがデメリットとなるが、PFNの場合は学習に使うライブラリーをチューニングすればいいので大きなデメリットにはならない。今後はこのような目的特化型のスパコンも重要になってくるだろう。

1993年にTOP500が始まってから30年弱で、1位のスパコンの性能は1000万倍にも上がった。最初のコンピューターである1946年に作られたENIACと比べたら75年で100兆倍もの成長だ。

こういった急成長を考えると、まだまだ原始的な量子コンピューターも、当たり前のように使われる日はそれほど遠くないのかもしれない。その時代に日本が取り残されないようにすることは、今のスパコン開発と同じくらい重要である。

日本のスパコンが、今後も世界の一線でいられるように、本書が応援の一つになれば幸いである。

初出一覧

第1章

久米秀尚、新型コロナを「日本が世界をリードするきっかけに」、理研・松岡センター長、2020年5月15日、日経クロステック

貴島逸斗、「富岳」に思わぬ初舞台、コロナ危機克服へ世界のスパコン・量子コンが結集、2020年5月27日、日経クロステック

長倉克枝、富岳で新型コロナ治療薬の候補探索が加速、勢いづく日本の「AI創薬」、2020年6月26日、日経クロステック

岡林凛太郎、職場内クラスターを防げ、「富岳」の計算力で新型コロナ対策、2020年8月号、日経ものづくり

第2章

島田昇、[続報] 国策スパコン、複合システム断念へ、2009年5月14日、日経クロステック

島田昇、次世代スパコンの凍結、関係者の猛反発を受け政府・与党が復活を示唆、2009年11月24日、日経クロステック

島田昇、国策スパコンは予算227億円で続行、目標は「世界一」から「世界最速レベル」へ、2009年12月16日、日経クロステック

島田昇、国策スパコン開発、8割の読者が議論の必要性を指摘、2009年12月16日、日経クロステック

野澤哲生、検証・次世代スパコン "仕分け"で競争脱落の危機、2009年12月28日号、日経エレクトロニクス

北川賢一、「全スパコンを抜く」東工大の挑戦、2010年7月21日号、日経コンピュータ

谷島宣之・北川賢一、終わらぬ国策スパコン問題　徹底議論し、勝てる戦略を、2010年4月14日号、日経コンピュータ

吉田勝、【続報】「復興の原動力に」--世界一となったスパコン「京」に被災企業の協力、2011年6月20日、日経クロステック

島田優子、"一番を目指さないといけない"、日本製スパコンが7年ぶり世界一 島田 優子 日経コンピュータ、2011年6月21日、日経クロステック

高田憲一、超速スパコンが技術を進化、2011年11月号、日経ものづくり

浅川直輝、スパコン「京」、計画通り1秒間で1京回の演算性能を達成、2011年11月2日、日経クロステック

宇野篤也＝理化学研究所・星屋隆之＝富士通、スパコン世界一「京」の全貌、2011年10月号、日経Linux

浅川直輝、常識外れのスパコン 世界最高峰を行く、2012年2月2日号、日経コンピュータ

進藤智則、東工大がスパコン増強、「TSUBAME2.5」で単精度17ペタフロップス実現、2013年7月29日、日経クロステック

野澤哲生、東工大版「KFC」、スパコンの電力効率で世界1位に、2013年11月21日、日経クロステック

浅川直輝、写真で見る、省電力世界トップの油浸スパコン「TSUBAME-KFC」、2013年11月25日、

日経クロステック
浅川直輝、「から揚げ」スパコンが省電力世界トップに　液浸・油浸冷却の効果を実証、2013年12月12日号、日経コンピュータ
浅川直輝、スパコンの新ベンチマークはなぜ必要か？、2014年6月26日、日経クロステック
今井拓司・中道理・三宅常之、ビッグデータはスパコンで逆問題を解いて未来を予測、2015年3月号、日経エレクトロニクス
松岡聡＝東京工業大学、ムーアの法則が終わった後のスーパーコンピューターの姿、2015年3月号、日経エレクトロニクス
浅川直輝、衝撃の中国産プロセッサ「申威26010」　HPC世界一を奪取した性能の秘密、2016年7月7日号、日経コンピュータ
今井拓司、中国方式に賛否両論、脳型などに期待高まる、2016年8月号、日経エレクトロニクス
斉藤壮司、スパコン「京」シャットダウン式典、あの“事業仕分け”の旧民主党議員の姿なく、2019年9月4日、日経クロステック

第3章

北川賢一、SPARCか、インテル系か　ハムレットより悩む富士通、2014年5月15日号、日経コンピュータ
浅川直輝、理研、ポスト「京」の基本設計事業者に富士通を選定、2014年10月2日、日経クロステック
北川賢一、スパコン“ポスト京”はARMプロセッサ　理研と富士通、SPARCと決別へ、2015年9月3日号、日経コンピュータ
今井拓司、HPCから全ての機器へ、ムーア後時代の技術を開拓、2016年8月号、日経エレクトロニクス
浅川直輝、ポスト「京」も採用、ARMアーキテクチャーの強みを富士通に聞く、2016年7月19日、日経クロステック
北川賢一、最大2年の遅れが決まったポスト「京」開発の裏事情、2016年9月28日、日経クロステック
浅川直輝、見えたスパコン京の次世代像、理研の新センター長に東工大松岡氏、2018年4月6日、日経クロステック
竹居智久、お値段1300億円のポスト「京」、IT業界は今度こそ生かせるか、2018年9月14日、日経クロステック
浅川直輝、ポスト京の名称は「富岳」、2021年稼働の400ペタFLOPSスパコン、2019年5月23日、日経クロステック
斉藤壮司・増田圭祐、富士通、スパコン「富岳」を初出荷　準備に2年かけた製造工場を初公開、2020年1月号、日経ものづくり
岡林凛太郎・貴島逸斗、蹉跌と反省の末に　富岳、世界4冠の軌跡、2020年8月20日号、日経コンピュータ

松岡氏インタビュー

理化学研究所　計算科学研究センター　センター長　松岡聡氏：アプリ第一の思想を貫いた国家プロジェクト、見直しの契機に、2020年8月20日号、日経コンピュータ

石川氏インタビュー

石川裕氏　理化学研究所　計算科学研究センター：スパコン富岳の生みの親　目指したのは1番にあらず、2020年8月20日号、日経コンピュータ

第4章

三宅常之、“液浸”冷却の国産スパコン稼働、2018年にエクサ級へ、2014年11月6日、日経クロステック

今井拓司・中道理・三宅常之、少人数・超短期で開発、ないものは自分で作る、2015/03号、日経エレクトロニクス

浅川直輝、ムーアの法則を超える 三つの革新で新領域へ、2015年5月28日号、日経コンピュータ

今井拓司、世界最速スパコンを日本から、1Exaに向けPEZYが第一歩、2017年3月号、日経エレクトロニクス

浅川直輝、世界4位に躍進、国内ベンチャーPEZY製スパコンが存在感、2017年11月13日、日経クロステック

浅川直輝、PEZY社長逮捕、スパコンの旗手に何が起きたのか、2017年12月7日、日経クロステック

清嶋直樹、スパコンベンチャーPEZY側が助成金約9億4000万円返還、詐欺罪起訴で、2018年2月21日、日経クロステック

浅川直輝、52億円全額返還の理由、JSTがスパコン開発中止をPEZY関連会社に通知、2018年4月4日、日経クロステック

浅川直輝・玄忠雄、落第点のIT政策：落ちる目利き力　成果を焦る、研究開発、2018年5月10日号、日経コンピュータ

白井良、PEZY齊藤前社長の初公判、スパコン助成金の詐欺認める、2018年5月22日、日経クロステック

浅川直輝、「そこはソフトで頑張ってよ」、世界最高を目指す国産AIチップの開発秘話、2019年2月13日、日経クロステック

近岡裕、検証は十分だったのか、ペジー詐欺事件の教訓、2020年5月8日、日経クロステック

岡林凛太郎、「世界1位を取るとは夢にも思わず」、PFNの省電力スパコン「MN-3」快挙の舞台裏、2020年8月6日号、日経コンピュータ

第5章

中田敦、驚愕の量子コンピュータ、2014年4月17日号、日経コンピュータ

玄忠雄、富士通がデジタルアニーラ商用化、「実用性で量子コンピュータを超えた」と主張、2018年5月22日、日経クロステック

玄忠雄、反撃の量子コンピュータ、2018年5月30日、日経クロステック

中田敦、量子コンピュータのXデー、2018年9月3日、日経クロステック

中田敦、米グーグルが「量子超越性」を実証、量子コンピューターの実用化に弾み、2019年12月号、日経SYSTEMS
中田敦、胸を張るグーグルにIBMが大反論、「量子超越性」論争を徹底検証してみた、2019年10月30日、日経クロステック
中田敦、グーグル「量子超越性」実証の衝撃、2019年11月14日号、日経コンピュータ
浅川直輝、量子コンピューター国際会議「Q2B」現地報告、2019年12月12日、日経クロステック
中田敦、グーグルが「万能量子コンピューター」の開発に自信、強気の理由は、2020年2月3日、日経クロステック
中田敦、完全な量子コンピューターの実現は近い、グーグルやスタートアップの勝算とは、2020年12月11日、日経クロステック